Beck'sche Reihe
BsR 392

Das Klima auf der Erde ist ernsthaft in Gefahr. Durch das Verbrennen von Kohle, Erdöl und Erdgas, aber auch durch die fortschreitende Vernichtung der tropischen Regenwälder nimmt der Kohlendioxidgehalt der Erdatmosphäre fortlaufend zu. Durch diesen Anstieg von Kohlendioxid, aber auch von anderen Gasen wie Methan, Lachgas oder den künstlich hergestellten Fluorchlorkohlenwasserstoffen (FCKW) wird es auf der Erde nach einhelliger Meinung führender Klimaforscher deutlich wärmer werden. Daneben muß uns das ständig größer werdende Ozonloch über der Antarktis beunruhigen, von dessen Existenz man bis vor wenigen Jahren noch nichts wußte. Die Autoren zeigen, welche Faktoren unser Klima beeinflussen und mit welchen Konsequenzen wir rechnen müssen, wenn nicht schnell gehandelt wird. Bei der Beleuchtung der Ursachen gelangen die Autoren zu selbst für Fachleute unerwarteten Ergebnissen und Folgerungen, aus denen konsequent Handlungsstrategien für eine Überwindung der drohenden Klimakatastrophe abgeleitet werden.

Harald Gaber, Dipl.-Phys., ist wissenschaftlicher Mitarbeiter der Universität Freiburg; beim Bund für Umwelt und Naturschutz (BUND) beschäftigt er sich vor allem mit Energiepolitik, den Risiken der Atomenergie und mit Klimafragen.

Bruno Natsch, Ing., ist Mitarbeiter des BUND-Regionalverbandes Südlicher Oberrhein und freier Mitarbeiter des Öko-Instituts in Freiburg. Arbeitsschwerpunkte sind u. a. Energiethemen und FCKW.

HARALD GABER/BRUNO NATSCH

Gute Argumente: Klima

Herausgegeben von
Rainer Grießhammer und
Dieter Seifried

Mit 50 Graphiken

VERLAG C.H.BECK MÜNCHEN

Mit 50 Graphiken
von Bruno Natsch

CIP-Titelaufnahme der Deutschen Bibliothek

Gaber, Harald / Natsch, Bruno:
Gute Argumente : Klima / Harald Gaber ; Bruno Natsch.
Hrsg. von Rainer Grießhammer u. Dieter Seifried. –
Orig.-Ausg. – München : Beck, 1989
  (Beck'sche Reihe ; 392)
  ISBN 3 406 33147 5
NE: Natsch, Bruno:; GT

Originalausgabe
ISBN 3 406 33147 5

Einbandentwurf und Foto: Uwe Göbel, München
© C.H. Beck'sche Verlagsbuchhandlung (Oscar Beck), München 1989
Gesamtherstellung: C.H. Beck'sche Buchdruckerei, Nördlingen
Printed in Germany

Inhalt

Einleitung

Das Klima auf der Erde ist ernsthaft in Gefahr. Durch das ungehemmte Verbrennen von Kohle, Erdöl und Erdgas, aber auch
durch die fortschreitende Vernichtung der tropischen Regenwälder
nimmt der Kohlendioxidgehalt in der Erdatmosphäre fortlaufend
zu. Durch diesen Anstieg von Kohlendioxid, aber auch von anderen Gasen wie Methan, Lachgas oder den industriell hergestellten
Fluorchlorkohlenwasserstoffen (FCKW) wird es auf der Erde nach
einhelliger Meinung führender Klimaforscher deutlich wärmer
werden. Der weltweite Temperaturanstieg um 0,5 bis 0,7 °C seit
1850 wird als erstes Signal einer derartigen Klimakatastrophe angesehen. 1988 war das wärmste Jahr seit Beginn der Neuzeit, und die
fünf wärmsten Jahre lagen alle in den 80er Jahren dieses Jahrhunderts.

Durch die höheren Temperaturen verdunstet mehr Wasser, so
daß es heute mehr regnet als in den kühleren Jahren der Vergangenheit. Insbesondere in den Tropen können hierdurch verstärkt Mineralien aus dem Boden ausgewaschen werden, was letztlich
schlechtere Ernteerträge bewirkt. Auch in ausgesprochen trocke-
nen Gebieten haben vermehrte Niederschläge kaum Vorteile für
den Ackerbau, denn nach Ansicht vieler Fachleute dürfte es dann
weniger verläßlich und gleichmäßig regnen. Auf den Kontinenten
in mittleren Breiten wie in Mitteleuropa und den USA sagen Computermodelle entgegen dem weltweiten Trend eine Abnahme der
Niederschläge und besonders der Bodenfeuchtigkeit voraus. Die
Dürrekatastrophe von 1988 in den USA ist möglicherweise schon
eine Folge der zunehmenden weltweiten Erwärmung. Auch Kata-
strophen wie 1988 „Gilbert", einer der schwersten Wirbelstürme
der letzten hundert Jahre über der Karibik und den USA, treten bei
einem wärmeren Weltklima vermehrt und heftiger auf.

Daneben erschreckt ein ständig größer und „tiefer" werdendes
Ozonloch über der Antarktis, dessen Existenz kein Wissenschaftler
voraussah. Inzwischen wissen wir, daß die Ozonmenge weltweit
abnimmt, während gleichzeitig die für diese Zerstörung maßgebli-

chen FCKW in zunehmendem Umfang produziert und freigesetzt werden – trotz Verzicht auf den Einsatz in Spraydosen in manchen Ländern. Die Haupttäter in der Industrie bleiben wie immer ungeschoren: Obwohl weltweit nur zwanzig Firmen FCKW produzieren, ist kein Produktionsverbot in Sicht. Die Volksrepublik China möchte ihre FCKW-Produktion bis zum Jahr 2000 sogar verzehnfachen!

Doch selbst wenn ab sofort keine weiteren FCKW produziert und angewendet werden, wird die Zerstörung der Ozonschicht weitergehen. Denn FCKW benötigen durchschnittlich 10 bis 15 Jahre, bis sie die Ozonschicht erreichen. Durch den Ozonabbau nimmt die UV-Strahlung auf der Erde zu. Eine solche Zunahme kann beim Menschen Augenkrankheiten und Hautkrebs auslösen; Pflanzen und das Plankton in den Weltmeeren sind besonders UV-empfindlich, so daß bei weiterer Ozonabnahme mit Ernteeinbußen und weitergehenden Klimastörungen gerechnet werden muß.

Durch die Langlebigkeit der „Ozonkiller" wird die Ozonzerstörung die heutigen Menschen voraussichtlich den Rest ihres Lebens begleiten. Nur das Ausmaß des Schadens ist noch beeinflußbar.

Während die Ozonschicht hoch über uns dünner wird, nimmt die Ozonkonzentration am Boden zu: Seit Anfang des Jahrhunderts hat sie sich im Frühjahr und Sommer auf der Nordhalbkugel der Erde etwa vervierfacht. Ursache dafür ist vor allem der ständig wachsende Straßenverkehr. Ozon ist giftig für Menschen, Tiere und Pflanzen. Atemwegserkankungen und das Waldsterben sind zum Teil eine Folge der steigenden Ozonkonzentration am Boden. Außerdem verstärkt dieses Ozon den Treibhauseffekt.

Der Mensch hat die Zusammensetzung und die chemischen Vorgänge in der Erdatmosphäre drastisch verändert: 40% des Lachgases, 45% des Kohlenmonoxids, 60% der Stickoxide, 70% des Methans und 95% des Schwefeldioxids werden heute nicht durch natürliche Vorgänge, sondern durch menschliche Aktivitäten in die Atmosphäre abgegeben! Die atmosphärische Konzentration von Kohlenmonoxid z.B. hat sich nach Modellrechnungen von 1860 bis 1985 verdreifacht. Hierdurch hat sich die Konzentration von OH-Radikalen, die für den Abbau von Luftschadstoffen verantwortlich sind, um etwa 30% verringert: Die Menschen geben heute nicht nur mehr Dreck in die Luft ab, er bleibt uns auch länger erhalten!

In diesem Buch sollen die Leserinnen und Leser einen Einblick in die aktuelle Diskussion um das bedrohte Weltklima erhalten. Dabei werden nicht nur die Gefahren aufgezählt, wie es allzuoft in der Tagespresse der Fall ist. Insbesondere auf Hintergründe und Lösungsmöglichkeiten wird detailliert eingegangen. Auch Scheinlösungen werden angesprochen, z. B. die Tatsache, daß FCKW durch andere, „weniger schädliche" FCKW ersetzt werden sollen, oder daß durch die Entsorgung von Kühlschränken nur etwa 0,3% der bundesdeutschen FCKW-Produktion zurückgewonnen werden kann.

Das erste Kapitel (A) gibt einen Überblick über die natürlichen Klimaänderungen in der Vergangenheit und die in der Gegenwart beobachtete Erwärmung der Erdatmosphäre. Es wird gezeigt, daß es bei anhaltendem Temperaturanstieg auf der Erde in wenigen Jahrzehnten wärmer sein wird als in den letzten eine Million Jahren. Im zweiten Kapitel (B) werden die von Menschen verursachten Klimaänderungen sowie deren Ursachen und Folgen ausführlich beschrieben. Der Klimabegriff wird hier sehr weit gefaßt, indem nicht nur aus der Wetterkunde bekannte Größen wie Temperatur, Niederschläge, Wind usw. als klimabestimmend angesehen werden, sondern auch Größen wie die UV-Strahlung, der Gehalt der Luft an schädlichen Stoffen, die Sichtweite sowie die Fähigkeit der Atmosphäre, Luftschadstoffe abzubauen.

Die beobachteten Klimaveränderungen bewegen sich in vielen Fällen immer noch im Bereich der natürlichen Schwankungen. Deshalb werden im dritten Kapitel (C) die Computermodelle betrachtet, mit deren Hilfe Prognosen für das zukünftige Weltklima erstellt werden. Weil diese Modelle nur von einer kleinen Anzahl von Experten durchschaut und überprüft werden können, bergen sie die Gefahr, daß mit ihren Ergebnissen unakzeptable Maßnahmen wie der Ausbau der Atomenergie selbst nach Tschernobyl durchgesetzt werden können.

Das Klima auf der Erde wird wesentlich durch Spurengase wie Kohlendioxid, Methan, Lachgas, Stickoxide usw. bestimmt, deren Konzentrationen in der Atmosphäre sich seit der Industrialisierung deutlich erhöht haben. Bei vielen dieser Gase stammt mehr als die Hälfte der Emissionen aus menschlichen Quellen. Das Klima wird daneben von Gasen wie den Fluorchlorkohlenwasserstoffen beeinträchtigt, die natürlicherweise überhaupt nicht vorkommen. Da die

Eindämmung der Klimagefahren direkt von der Verminderung klimagefährdender Gase („Klimagifte") abhängt, werden im vierten Kapitel (D) deren Quellen beschrieben. Allerdings gibt es zahlreiche Tatsachen, die einer Klimawende entgegenstehen; einige werden im fünften Kapitel (E) dargestellt.

Im letzten Kapitel (F) werden Konzepte für ein gesundes Weltklima entwickelt. Da die Fluorchlorkohlenwasserstoffe und der verschwenderische Energieverbrauch mit seinen Abgasen den größten Anteil an einer möglichen Klimakatastrophe haben, muß ein Handlungskonzept vor allem diese Bereiche betreffen. Weitere notwendige Handlungsschritte, denen hier kein eigenes Argument gewidmet werden konnte, finden sich in den übrigen Teilen des Buches, besonders in Kapitel B und E. Weitere Maßnahmen sind in den schon früher erschienenen Bänden „Energie", „Ernährung" und „Ökologische Landwirtschaft" der Reihe „Gute Argumente" enthalten. Daneben sei auf die in Vorbereitung befindlichen Bände „Gentechnologie", „Verkehrspolitik" und „Chemie" verwiesen.

Die Klimaforschung entwickelt sich gegenwärtig so rasant, daß neue Ergebnisse schneller auftauchen, als sie in die „Guten Argumente" eingearbeitet werden können. Z.B. haben Satellitenbeobachtungen aus den Jahren 1982–1988 ergeben, daß sich die Weltmeere jährlich um etwa 0,1°C erwärmen – das ist etwa doppelt soviel, wie bisher angenommen wurde. Eine Expedition in die Ozonschicht am Nordpol hat ergeben, daß dort in den Polarwolken ähnliche ozonzerstörende Reaktionen ablaufen wie am Südpol. Wahrscheinlich treten durch den steigenden Methangehalt der Atmosphäre Polarwolken immer häufiger auf, was den Ozonabbau an den Polen weiter begünstigt.

Das Ziel dieses Buches ist, die klimaschädigenden Verursacher zu benennen, die Auswirkungen zu beschreiben und Konzepte für ein gesundes Weltklima aufzuzeigen. Um die zum Teil komplizierten Zusammenhänge auch Nichtfachleuten zu verdeutlichen, wurden Grafiken eingesetzt und Vereinfachungen vorgenommen. Detailliertere Betrachtungen finden sich in den zahlreichen Quellen und Literaturhinweisen, die am Ende des Buches zusammengestellt sind.

Alle Leserinnen und Leser sind aufgerufen, sich selbst für ein gesünderes Weltklima einzusetzen. Auch wenn die Möglichkeiten von Einzelpersonen beschränkt sind, kann dieses Ziel nur durch die

Mitwirkung vieler engagierter Menschen erreicht werden. Auch hat sich immer wieder gezeigt, daß „der Staat" wie auch die Industrie im Umweltschutz nur dann etwas tun, wenn sie massiv dazu gedrängt werden. Das vorliegende Buch kann nur einige Beispiele für Handlungsmöglichkeiten liefern. Weitere Ideen werden dringend gebraucht und müssen in die Tat umgesetzt werden.

Beim Erarbeiten des Buches haben uns zahlreiche Personen unterstützt. Besonders bedanken möchten wir uns bei R. Grießhammer, P. Hennicke, F. Kalberlah, W. Roos, S. Schauwecker-Gaber, P. Schünemann, D. Seifried, K. Steigleder, G. Waitersberger, D. Weber, M. Weyer, Ch. Zeile und unseren Freundinnen und Freunden, ohne deren Hilfe das Buch sicher nicht so gut gelungen wäre.

Das Weltklima »gestern« und heute

Die Durchschnittstemperatur der Vergangenheit[1]

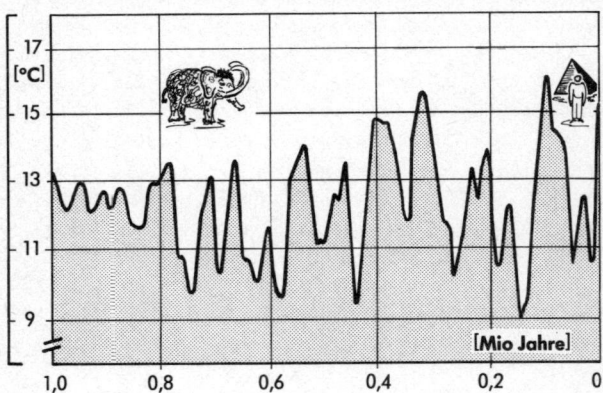

Die Durchschnittstemperatur der letzten 400 Jahre
auf der Nordhalbkugel der Erde[2]

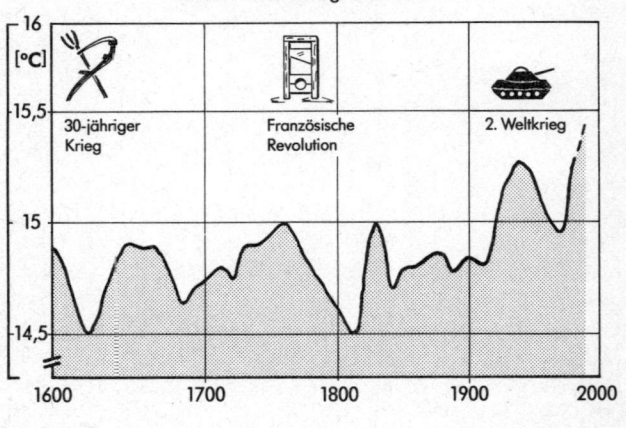

Gober/Natsch. Gute Argumente: Klima © Verlag C. H. Beck, München 1989

Quelle: 1) Schönwiese 2) Lamb/Wigley

In den nächsten Jahrzehnten droht eine dramatische Erwärmung der Erde durch die vom Menschen verursachte Abgabe klimabeeinflussender Gase. Hat sich das Weltklima durch diese Gase in der Atmosphäre schon heute verändert? Diese Frage läßt sich zur Zeit noch nicht eindeutig beantworten, weil schon das von Menschen unbeeinflußte Klima enormen Schwankungen unterliegt.

Festzustellen ist, daß sich in den letzten einhundert Jahren die Jahresdurchschnittstemperatur weltweit um etwa 0,5–0,7 °C erhöht hat. 1988 war das wärmste Jahr in diesem Zeitraum, und die fünf wärmsten Jahre lagen alle in den 80er Jahren dieses Jahrhunderts. Klimamodelle liefern für 1988 eine rechnerische Temperaturerhöhung um etwa 1,5 °C, die der Mensch verursacht hat. Von dieser Temperaturerhöhung macht sich durch die Trägheit der Ozeane bisher nur ein Drittel bis die Hälfte bemerkbar.[1]

Das Klima war erdgeschichtlich meist sehr viel wärmer als heute, auch gab es keine ausgedehnten Polareisgebiete. In den letzten eine Million Jahren war es jedoch während 90% der Zeit kälter als heute.[2] Wenn jedoch die gegenwärtige Erwärmung anhält, wird es auf der Erde in wenigen Jahrzehnten wärmer sein als jemals in den letzten eine Million Jahren.

Zu Beginn des Tertiärs vor 65 Millionen Jahren, als die Säugetiere dominant wurden, war es in mittleren Breiten der Nordhalbkugel mehr als 20 °C warm. In den folgenden 60 Millionen Jahren hat sich auf der Erde ein antarktischer Kontinent und ein fast geschlossener Landring um den Nordpol gebildet, was zur Entstehung immer größerer Eisflächen und zur Abkühlung der Ozeane und damit der ganzen Erde geführt hat.[3]

Mit dem Beginn des Quartärs vor 2 Mio Jahren, als die Entwicklung des Menschen begann, hat sich der zeitliche Verlauf des Weltklimas drastisch geändert: Seitdem gibt es ausgeprägte Eis- und Warmzeiten mit der Periode von 100000 Jahren und dazwischen kleinere Klimaschwankungen. Diese Eis- und Warmzeiten sind auf periodische Veränderungen in der elliptischen Umlaufbahn der Erde um die Sonne und Veränderungen in der Neigung der Erdachse zurückzuführen.[4]

Auch in kürzeren Zeiträumen unterliegt das Klima natürlichen Schwankungen. Die Ursachen sind z.B. periodische Änderungen der Sonnenfleckenaktivität oder Vulkanausbrüche, die durch ihre gewaltigen Staubmengen die Sonnenstrahlung absorbieren.[5]

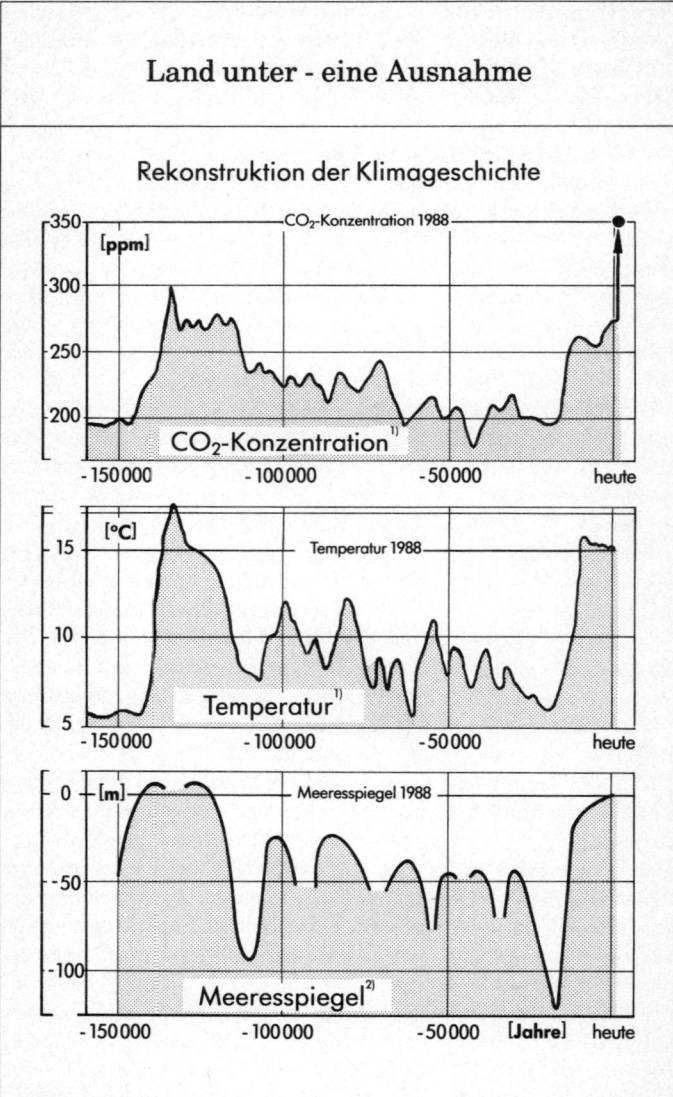

Land unter - eine Ausnahme

Rekonstruktion der Klimageschichte

Gaber/Nutsch. Gute Argumente: Klima © Verlag C. H. Beck, München 1989

Quelle: 1) Barola 2) Revelle

Eine befürchtete Auswirkung eines künstlich erwärmten Weltklimas ist der Anstieg des Meeresspiegels durch das Schmelzen der Eismassen auf dem Festland und der Ausdehnung der erwärmten Meere. Wie hat sich der Meeresspiegel während der letzten 150 000 Jahre verhalten?

Bei der Rekonstruktion der Klimageschichte wird deutlich, daß die Kohlendioxid-Konzentration der Atmosphäre einen ähnlichen Verlauf zeigt wie die Lufttemperatur und der Meeresspiegel. Derartige Rückschlüsse ergeben Untersuchungen von Eisbohrkernen z. B. vom Südpol. Der Gehalt von schwerem Wasserstoff (Deuterium) im Eis gibt Aufschluß über die Temperatur, und der Kohlendioxid-Gehalt der im Eis eingeschlossenen Luftblasen wird direkt gemessen.[6]

Für den Betrachter erschreckend sind die Kohlendioxid-Konzentrationen der Gegenwart von 348 ppm (1987). Eine solche Konzentration wurde in den letzten 150 000 Jahren nicht einmal annähernd erreicht. In der letzten Warmzeit vor ca. 125 000 Jahren lag die maximale Kohlendioxid-Konzentration wie in vorindustrieller Zeit bei 280–300 ppm, also rund 20% niedriger als heute.

Durch die Abkühlung vor einigen Millionen Jahren begann sich die Eisdecke vor allem im Norden immer weiter auszudehnen. Immer mehr Wasser wurde in Gletschereis umgewandelt, so daß der Meeresspiegel um bis zu 100 Meter absank, wie während der letzten Eiszeit vor 18 000 Jahren. In Warmzeiten stieg der Meeresspiegel wieder an.[10] Bei einer künstlichen globalen Erwärmung steht zu befürchten, daß der Meeresspiegel weiter ansteigen wird. Betrachtet man die Zu- und Abnahme des Meeresspiegels der Vergangenheit, so bestätigt sich schnell diese Vermutung. Der Meeresspiegel schwankt mit der Erdtemperatur und lag in der o. g. letzten Warmzeit sogar um einige Meter höher als heute.[7] Würde das gesamte Eis (insbesondere des Südpols) schmelzen, so würde der Meeresspiegel um mehr als 60 Meter steigen.[8] Hinzu käme ein weiterer Anstieg, hervorgerufen durch die stärkere Ausdehnung des Ozeanwassers. In diesem Jahrhundert stieg der Meeresspiegel bisher um 14 ± 5 cm, die Prognosen für die nächsten 50 Jahre liegen dagegen bei rund 1 Meter und höher[9] (siehe B 4).

Der Aufbau der Erdatmosphäre

Der Temperaturverlauf in der Atmosphäre

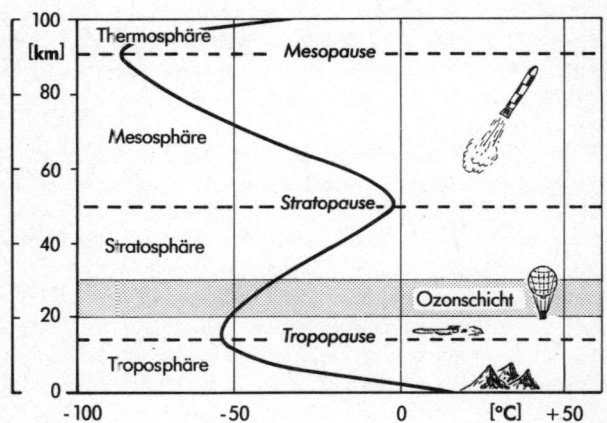

Einflüsse auf die Lufttemperatur

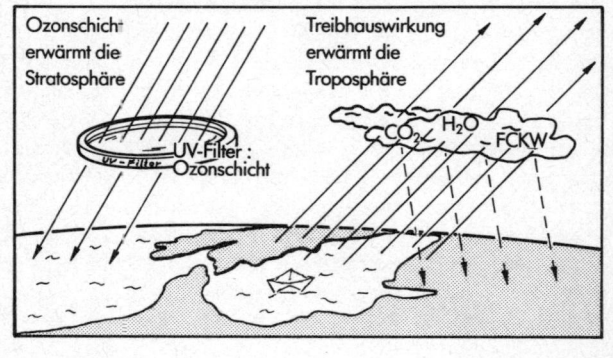

Gober/Natsch. Gute Argumente: Klima © Verlag C. H. Beck, München 1989

Quelle: Wayne

Die Erde hat an ihrer Oberfläche eine mittlere Temperatur von ca. 15 °C, ebenso die bodennahe Luft. Die Lufttemperatur ist jedoch stark von der Höhe abhängig. Bis in eine Höhe von 11 bis 17 km nimmt sie stetig ab, um hier ein Minimum von etwa −60 °C zu erreichen. Diese Temperaturschichtung bewirkt, daß warme Luftmassen vom Boden aufsteigen können, wobei sie sich ausdehnen und abkühlen. Diese Wärmeströmung trägt wesentlich zu den Erscheinungsformen des Wetters wie Wind, Bewölkung, Niederschläge usw. bei. Obwohl die Temperaturen am Erdboden je nach Jahreszeit und geographischer Breite einen Schwankungsbereich von bis zu 100 Grad Celsius aufweisen, ist dieser Temperaturverlauf auf der ganzen Erde in den unteren Kilometern der Atmosphäre, der Troposphäre, anzutreffen. Lediglich die Höhe des Temperaturminimums, die Tropopause, verändert sich mit der Jahreszeit und liegt an den Polen niedriger als am Äquator.

Oberhalb der Tropopause beginnt die Stratosphäre, die bis in eine Höhe von ca. 50 km reicht. Hier steigt die Temperatur mit der Höhe stetig bis auf etwa 0 °C an, so daß die Atmosphäre hier stabil geschichtet ist und keinerlei Wärmeströmung auftritt. Über der Stratopause beginnt die Mesosphäre, die trotz der erneut abnehmenden Temperatur aufgrund des niedrigen Luftdrucks ebenfalls eine gegen Wärmeströmung stabile Schichtung aufweist.

Wäre die Erdatmosphäre frei von Wasser und Spurengasen, dann wäre die Oberflächentemperatur der Erde im Durchschnitt um 32 Grad Celsius niedriger, und die Lufttemperatur würde mit der Höhe gleichmäßig und ohne Wendepunkte abnehmen.

Die in der Erdatmosphäre vorhandenen Spurengase wie Methan (CH_4) und Lachgas (N_2O), aber vor allem Wasser und Kohlendioxid (CO_2) nehmen die von der Erdoberfläche ausgehende Wärmestrahlung auf und lassen nur einen Teil davon in den Weltraum entweichen, so daß die Luft wie in einem Treibhaus erwärmt wird. Durch diesen natürlichen Treibhauseffekt kommen die gemäßigten Temperaturen an der Erdoberfläche zustande, ohne die kein Leben auf der Erde möglich wäre.

Der Temperaturanstieg in der Stratosphäre ist auf die Umwandlung von ultravioletter Strahlung in der dortigen Ozonschicht zurückzuführen. Das Ozon filtert einen großen Teil dieses ultravioletten Sonnenlichtes heraus und schützt so die Lebewesen auf der Erdoberfläche vor den schädlichen Folgen dieser Strahlung.[11]

CO_2-Anstieg und Treibhauseffekt

Mit dem Kohlendioxid steigen die Temperaturen

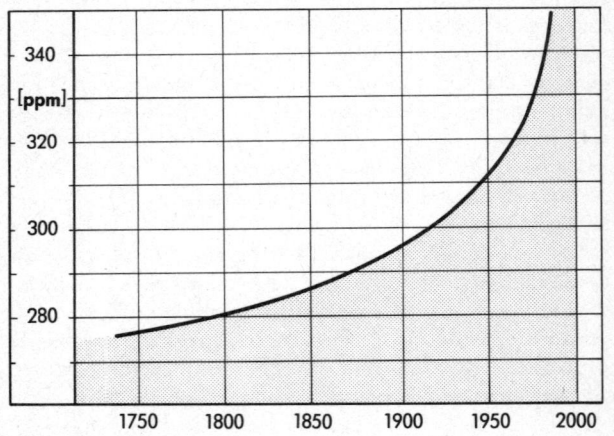

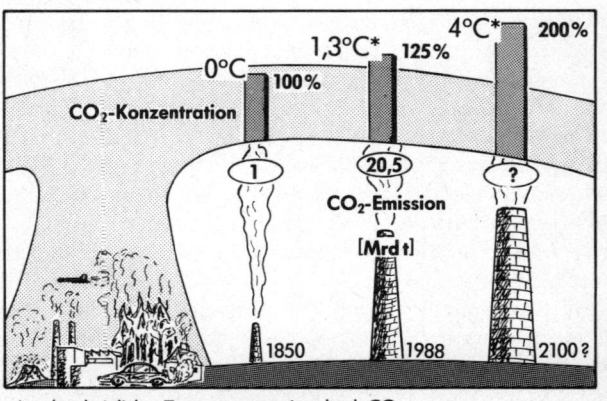

* wahrscheinlicher Temperaturanstieg durch CO_2

Quelle: Enquete Kommission 1988

Gaber/Natsch. Gute Argumente: Klima © Verlag C. H. Beck, München 1989

In vorindustrieller Zeit (vor 1850) betrug der Kohlendioxidgehalt in der Erdatmosphäre etwa 280 ppm. Heute ist er auf 350 ppm angewachsen und steigt mit einer mittleren jährlichen Zuwachsrate von 0,5% weiter an. Dreidimensionale Klimamodelle, welche die Luftströmungen auf der Erde mit einbeziehen, sagen bei Verdoppelung der CO$_2$-Konzentration in der Erdatmosphäre eine mittlere globale Temperaturerhöhung von 3,5–4,5 °C voraus. Einfachere Modelle ergeben nur eine Erwärmung von 1,5 °C. Die Erwärmung am Boden wird von einer 2–4 mal so großen Abkühlung der Stratosphäre in über 30 km Höhe begleitet.

Durch zusätzliche Treibhausgase müßte es auf der Erde seit der Industrialisierung um 0,8–2,5 °C wärmer geworden sein. Weil die Weltmeere Wärme aufnehmen, ist vorerst nur ein Drittel bis die Hälfte dieser Erwärmung in der Atmosphäre spürbar. Tatsächlich betrug die globale Erwärmung in diesem Zeitraum etwa 0,5 bis 0,7 °C.

Durch die wärmere Luft schmelzen verstärkt Eis und Schnee, die ein größeres Reflexionsvermögen besitzen als die darunterliegenden Boden- und Wasserflächen. Weil dann weniger Licht zurückgestrahlt und mehr Licht in Wärme umgewandelt wird, verstärkt sich in polnahen Gebieten ab ca. 50. Breitengrad der Treibhauseffekt um einen Faktor 2–4 bei Verdoppelung der CO$_2$-Konzentration.[12, 13]

Bei einem wärmeren Weltklima verdunstet über den Ozeanen mehr Wasser, wodurch es dann weltweit mehr regnen wird. Auf den Kontinenten in mittleren Breiten (z. B. Mitteleuropa und USA) wird es jedoch weniger regnen, und die Modelle geben deutliche Hinweise, daß Hitzewellen mit großer Trockenheit häufiger auftreten werden. Nach Berechnungen der NASA sind der Südosten und der mittlere Westen der USA besonders betroffen. Möglicherweise sind die gegenwärtigen Dürrekatastrophen in diesen Gebieten schon eine Folge des zunehmenden Treibhauseffektes.[14]

1987 wurden weltweit etwa 20 Mrd Tonnen Kohlendioxid aus der Energieumwandlung und etwa 4 Mrd Tonnen durch Brandrodung in die Atmosphäre abgegeben. Insgesamt wurden seit der Industrialisierung etwa 700 Mrd Tonnen aus dem Energiebereich freigesetzt, hinzu kommen 350 bis 700 Mrd Tonnen durch oft rücksichtslose Landnutzung.

Anteil der Spurengase am Treibhauseffekt

Die Klimakatastrophe ist in Sicht[1]

Prognose für die nächsten 50 Jahre: **1,5 bis 4,5°C**

Temperaturzunahme der letzten 100 Jahre: **0,5 bis 0,7°C**

Mittel der letzten 100 Jahre: 15°C

Mittlere Durchschnittstemperatur

1880   1920   1960   2000   2040

Berechneter Treibhauseffekt für 1989 in °C[2]

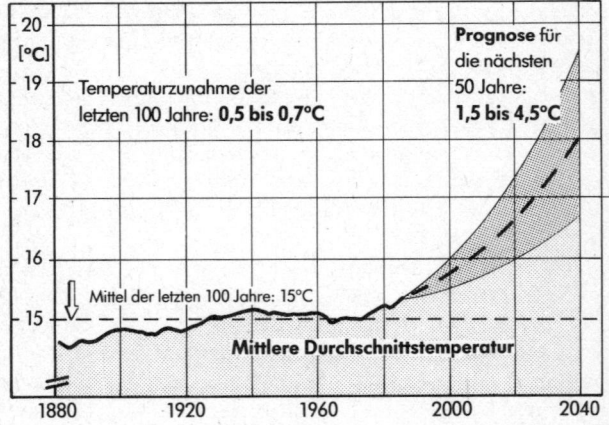

Spurengas	Treibhaus-effekt*
CO_2	0,72
FCKW	0,46
Ozon	0,16
Methan	0,15
Lachgas	0,07
sonstige	0,04
gesamt	**1,6°C**

* Durch die Ozeane ist bisher nur ein Teil der Temperaturerhöhung meßbar

Unsicherheit

Gober/Natsch. Gute Argumente: Klima © Verlag C. H. Beck, München 1989

Quelle: 1) Wigley 2) BMFT

Schon gegen Ende des letzten Jahrhunderts hat der schwedische Physikochemiker Arrhenius Klimaschwankungen mit dem CO_2-Gehalt der Atmosphäre in Zusammenhang gebracht. Seine Abschätzungen ergaben eine globale Erwärmung von 6 °C bei einer Verdoppelung des CO_2-Gehaltes, was mit modernen Klimamodellen bemerkenswert gut übereinstimmt. Aber erst vor wenigen Jahren ist den Wissenschaftlern aufgefallen, daß menschliche Aktivitäten auch die atmosphärische Konzentration einer Reihe weiterer Spurengase beeinflussen. Zur Zeit steigt die Konzentration von Methan (CH_4) um etwa 1%, von Lachgas (N_2O) um 0,2 bis 0,3%, von troposphärischem Ozon (O_3) um etwa 1% und von verschiedenen Fluorchlorkohlenwasserstoffen (FCKW) um 5–15% jährlich an.[15]

Gegenwärtig wird schon rund die Hälfte des Treibhauseffektes von anderen Spurengasen als CO_2 verursacht, und fast alle diese Gase haben größere Zuwachsraten als CO_2. Spurengase sind als Treibhausgase unterschiedlich effektiv: Z. B. wird durch Hinzufügen von einem Molekül der FCKW-Typen 11 oder 12 die gleiche Erwärmung hervorgerufen wie durch 15000 Moleküle CO_2![16] Relativ kleine Mengen machen deshalb einen großen Treibhauseffekt.

Der Anteil der Spurengase am Treibhauseffekt ist mit erheblichen Unsicherheiten behaftet. Nach Angaben des Bundesforschungsministeriums wird etwa 0,7 °C, also knapp die Hälfte des Treibhauseffektes durch Kohlendioxid verursacht.[17] Der CO_2-Anstieg von 280 ppm in vorindustrieller Zeit auf gegenwärtig etwa 350 ppm entspricht einer Erwämung von etwa 0,5 bis 1,5 °C, wenn der heute anerkannte Wert von 1,5 bis 4,5 °C Erwärmung bei einer CO_2-Verdoppelung zugrundegelegt wird. Ähnliche Schwankungen gibt es bei allen übrigen Spurengasen, so daß Kohlendioxid in manchen Untersuchungen auch mehr als die Hälfte des Treibhauseffektes ausmacht.

Trüge CO_2 alleine zum Treibhauseffekt bei, so würde sich bei konstanter Zuwachsrate dessen Konzentration erst im übernächsten Jahrhundert verdoppelt und die globale Durchschnittstemperatur um 1,5–4,5 °C erhöht haben. Die gegenwärtigen Zuwachsraten der übrigen Treibhausgase lassen aber befürchten, daß diese Temperaturerhöhung schon bald nach dem Jahr 2030 eintritt, also in nur 40–50 Jahren.[18]

Wenn die Temperaturen steigen...

Drei Katastrophen, die nie eintreten dürfen...

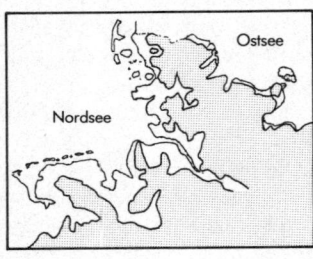

Küstenverlauf in
Norddeutschland
nach Anstieg des
Meeresspiegels
um 5 Meter

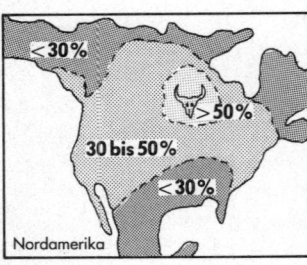

Voraussichtliche
Abnahme der
Bodenfeuchtigkeit
in Nordamerika
bei Verdoppelung
des Kohlendioxid-
gehaltes
Folge: Ernteverluste

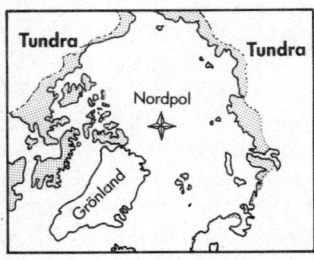

Auftauen der sumpfigen
Dauerfrostgebiete
führt zur massiven
Freisetzung von Methan
und könnte den
Treibhauseffekt des
Kohlendioxids übertreffen

Gaber/Natsch. Gute Argumente: Klima © Verlag C. H. Beck, München 1989

Quelle: Changing Climate, Spektrum der Wissenschaft Juni 1987, Hekstra

In den letzten 100 Jahren ist der Meeresspiegel um ca. 15 cm durch schmelzendes Eis in den Polargebieten und Ausdehnung der Ozeane durch Erwärmung angestiegen. Bis zum Ende des nächsten Jahrhunderts wird mit einem Anstieg um 40 bis 100 cm gerechnet. Davon sind 25 bis 80 cm eine Folge des zunehmenden Treibhauseffektes.[19, 20] Ein Ablösen der wahrscheinlich instabilen westantarktischen Eisdecke von Festland und Meeresgrund würde den Meeresspiegel um weitere 5 bis 6 m ansteigen lassen.[21]

Somit können alle Gebiete überflutet werden, die nicht höher als 5 m über dem heutigen Meeresspiegel liegen. Insbesondere sind das sehr viele Großstädte in der Nähe von Häfen. In einigen Staaten, wie in den Niederlanden oder in Bangladesh, liegen mehr als 80% des Wirtschaftsvermögens unterhalb von 5 m Meereshöhe!

Auch wenn hohe Deiche eine unmittelbare Überschwemmung verhindern können, muß mit einer zunehmenden Versalzung des Wassers in den Küstenregionen und vor allem der meist fruchtbaren Flußdelta gerechnet werden. Schon der Anstieg des Meeresspiegels um 1 m bedroht im Gangesdelta 10 Mio Menschen! Viele natürliche Ökosysteme werden die Doppelbelastung von höheren Temperaturen und Versalzung nicht überleben.[19]

Ein wärmeres Weltklima wird in allen Klimazonen eine Zunahme der Niederschläge und der Verdunstung bewirken. In den Tropen wird eine verstärkte Auswaschung von Mineralien befürchtet, was zu geringerer Fruchtbarkeit des Ackerbodens und schlechteren Ernteerträgen führt. In den Savannen und Steppen dürften die Niederschläge weniger verläßlich und gleichmäßig erfolgen, was in Verbindung mit häufigeren Sandstürmen Bodenerosion und verstärkte Verwüstung zur Folge hat. In den Subtropen werden durch Trockenheit, zunehmende Verdunstung und Bodenversalzung sowie durch häufigere Hagelstürme und Brände schlechtere Ernten erwartet.

Lediglich die Landwirtschaft in den gemäßigten Zonen könnte von einem wärmeren Weltklima „profitieren". Dagegen werden die Wälder dem Doppelstreß von Klimaänderung und Luftverschmutzung kaum standhalten können: Vielleicht werden sie aus unseren Breiten ganz verschwinden. Die Böden würden dann wesentliche CO_2-Mengen freisetzen. Ebenso dürfte die Zersetzung von Torf in den heutigen Dauerfrostgebieten riesige Mengen an Methan freisetzen, was den Treibhauseffekt zusätzlich verstärkt.

100 000 auf einen Streich

Immer mehr ozonzerstörendes Chlor
Konzentration von gebundenem Chlor in der Stratosphäre

Natürliche Konzentration vor 1930: **0,6 ppb**

Konzentration 1980: **3,1 ppb**

Voraussichtliche Konzentration 2005: **4 ppb**

Ein Chloratom frißt bis zu 100 000 Ozonmoleküle:

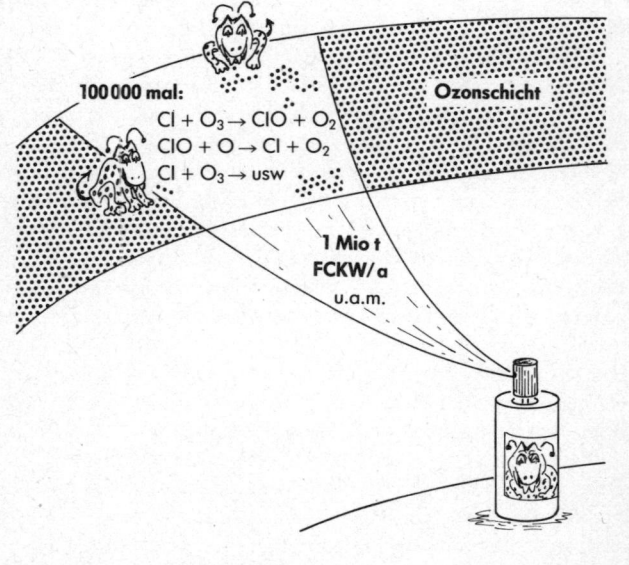

100 000 mal:

$$Cl + O_3 \rightarrow ClO + O_2$$
$$ClO + O \rightarrow Cl + O_2$$
$$Cl + O_3 \rightarrow usw$$

Ozonschicht

1 Mio t FCKW/a
u.a.m.

Gober/Natsch. Gute Argumente: Klima © Verlag C. H. Beck, München 1989

Quelle: Enquete Kommission 1988, Rowland 1982, Fabian

Seit 1935 werden Fluorchlorkohlenwasserstoffe (FCKW) produziert. Die Produktionsmenge erreichte 1986 mehr als 1 Mio Tonnen pro Jahr. Mittlerweile gilt als sicher, daß diese Stoffe in die 10 bis 40 km hoch gelegene Ozonschicht gelangen und dort das Ozon abbauen. Was geschieht über unseren Köpfen?

Durch den energiereichen ultravioletten Strahlungsanteil der Sonne wird aus Sauerstoff Ozon (O_3) gebildet. Diese Ozonbildung schützt vor der Sonnenstrahlung – insbesondere vor dem „harten" UV-Anteil. Durch diese Aufnahme von Strahlung wird ein Teil des Ozons wieder abgebaut und die Stratosphäre erwärmt. Ein weiterer Teil des Ozons wird chemisch von Stickoxiden (ca. 70%), Wasserstoff, Hydroxyl und Chlorverbindungen abgebaut.[22] Bisher entstand so ein natürliches Ozongleichgewicht, das hauptsächlich von Jahreszeit und Breitengrad abhing.

Das natürliche Gleichgewicht ist jetzt hauptsächlich durch chlorhaltige Verbindungen wie FCKW und Tetrachlorkohlenstoff gestört worden. Diese Stoffe sind chemisch sehr stabil und langlebig (20 bis 150 Jahre), so daß sie erst in der hohen Stratosphäre durch die harte UV-Strahlung zersetzt werden. Heute sind erst die Chlorverbindungen in der Ozonschicht angekommen, die vor 15 Jahren abgegeben worden sind. Das heißt, selbst bei sofortigem Produktionsstop dieser Stoffe würden noch 15 Jahre lang die „Ozonfresser" nachgeliefert. Heute wird geschätzt, daß die menschlich bedingte Chlorbelastung der Atmosphäre um den Faktor 4 bis 5 gegenüber dem natürlichen Gehalt erhöht ist und bei konstantbleibenden Emissionsraten in einigen Jahrzehnten den 12fachen Wert (8 ppb) erreichen würde.[23]

Die wichtigste Abbaumöglichkeit ist die Aufspaltung der Moleküle durch Strahlung (bei Wellenlängen von 190 bis 220 nm = UV-Bereich). Werden aus den Chlorverbindungen die reaktionsfreudigen Chloratome freigesetzt, so wird durch sie Ozon abgebaut. Die wichtigsten Reaktionen lauten:[24]

$$\left.\begin{aligned} Cl + O_3 &\rightarrow ClO + O_2 \\ ClO + O &\rightarrow Cl + O_2 \end{aligned}\right\} \text{bis zu 100 000 mal}$$

Diese Reaktionskette kann statistisch gesehen bis zu 100 000 mal durchlaufen werden, bevor das Chloratom mit einem anderen Reaktionspartner reagiert und für das Ozon unschädlich wird.[25]

Das Ozonloch

Das Ozonloch wird größer und tiefer[1]

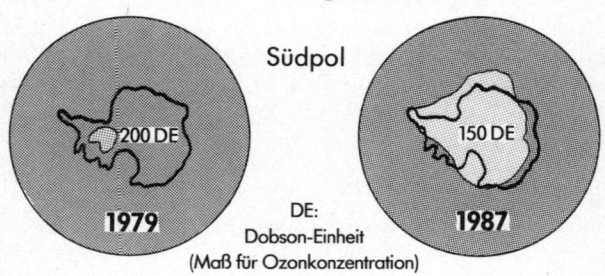

Südpol

200 DE

150 DE

DE:
Dobson-Einheit
(Maß für Ozonkonzentration)

1979   **1987**

Die Ozonabnahme erreicht schon 50%[2]

Monatsmittelwerte der Gesamtozonschichtdicke im Südpolfrühling

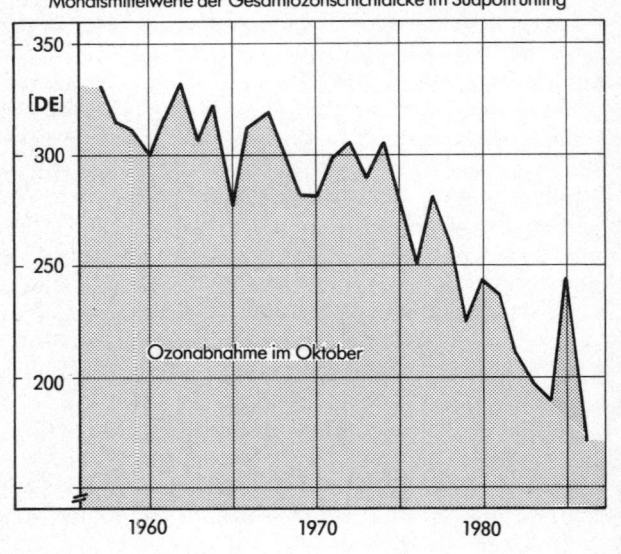

Ozonabnahme im Oktober

Gober/Notsch. Gute Argumente: Klima © Verlag C. H. Beck, München 1989

Quelle: 1) Spektrum der Wissenschaft März 1988 2) Crutzen/Müller 1989

Seit 1977 wird über dem Südpol etwas beobachtet, was völlig überraschend kam und von keinem Wissenschaftler vorhergesagt wurde – „das Ozonloch". Später kam die ebenso erschreckende Bestätigung, daß *der Mensch* zweifelsfrei mit die Ursache dafür ist – auch wenn natürliche Besonderheiten der Südpolatmosphäre das Ausmaß mitbestimmen.

Langjährige Bodenmessungen einer britischen Meßstation in Halley Bay zeigten im Südpolfrühling (Sept./Okt.), daß die Dicke der Ozonschicht im Mittel von etwa 320 DU um 1960 auf unter 200 DU 1984 gesunken ist – mit einem Minimum von 110 DU 1987 (DU sind sog. Dobsoneinheiten, die ein Maß für die Ozonkonzentration sind). Die Ozonabnahme ist höhenabhängig: Z.B. war das Ozon am 16. Oktober 1986 in 18 km Höhe fast vollständig zerstört.[26] Bisher wird im Südpolarwinter die ursprüngliche Konzentration von ca. 300 DU immer wieder in etwa erreicht, eine leichte Abnahme deutet sich allerdings auch hier an. Auch die Fläche, die ein solches „Ozonloch" überdeckt, wird immer größer. Das bisher größte Loch von 1987 war etwa so groß wie die USA.[27]

Warum entstand über dem Südpol ein Ozonloch und nicht da, wo die ozonfressenden Stoffe hergestellt und verbraucht werden, nämlich über den Industriestaaten?

Während des Winters ist die Luft in einem sog. Polarwirbel eingeschlossen und mischt sich nicht mit der übrigen Atmosphäre. Durch die extrem tiefen Wintertemperaturen insbesondere am Südpol entstehen stratosphärische Eiswolken, die sich bei höheren Temperaturen wieder auflösen. In diesen Polarwolken reichern sich reaktionsträge Chlorverbindungen an, welche an den Eisteilchen in Chlormoleküle umgewandelt werden. Durch die einsetzende Strahlung im Frühling werden reaktionsfreudige Chlorradikale gebildet, die dann lawinenartig Ozon abbauen. Es wurden Chlorradikal-Konzentrationen gemessen, die mehrere hundert Mal höher waren, als dies ohne die Gegenwart der Eisteilchen möglich gewesen wäre. Da die Bildung der Eiswolken temperaturabhängig ist, bestimmen auch natürliche Schwankungen die Ausprägung des Ozonloches. So gibt es einen Rhythmus von zwei Jahren bei der Ozonabnahme: Z.B. war 1988 das Ozonloch schwächer ausgeprägt als 1987, für 1989 ist somit wieder mit einem größeren Ozonloch zu rechnen.[28, 29]

Ein Schutzschild wird durchlöchert

Weltweite Ozonabnahme 1969 bis 1986[1]
Bereinigte Durchschnittswerte ohne natürliche Schwankungen

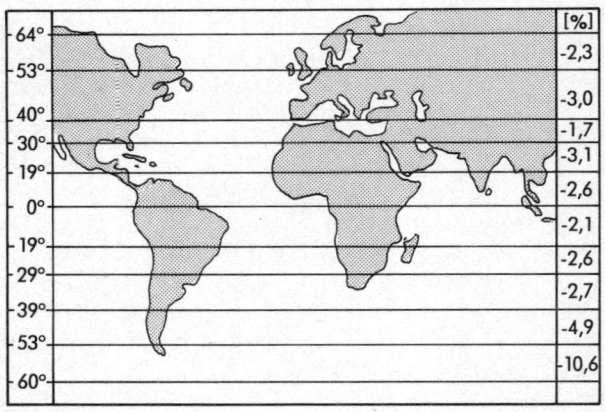

Breitengrad	[%]
64°	-2,3
53°	-3,0
40°	-1,7
30°	-3,1
19°	-2,6
0°	-2,1
19°	-2,6
29°	-2,7
39°	-4,9
53°	-10,6
60°	

1% weniger Ozon heißt 4% mehr Hautkrebs
Erhöhte UV-Strahlung führt zu Hautkrebs[2]

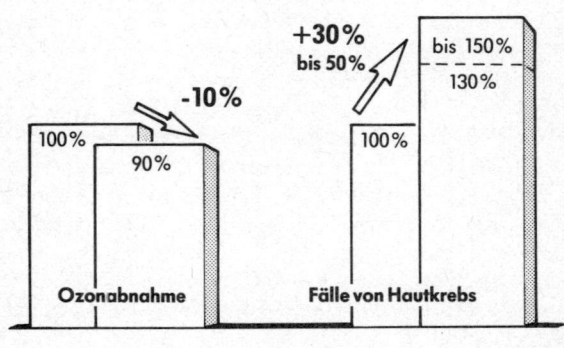

Ozonabnahme   Fälle von Hautkrebs

Gober/Natsch, Gute Argumente: Klima © Verlag C. H. Beck, München 1989

Quelle: 1) Enquete Kommission 1988 2) Rowland 1982

Schon 1971 gab es Hinweise auf mögliche Ozonschäden durch Fluorchlorkohlenwasserstoffe (FCKW). Durch die Verharmlosungsversuche der Chemischen Industrie sind fast 20 Jahre vergangen, bis FCKW-Vermeidungsabsichten weltweit erkennbar wurden. Erst durch das „Ozonloch" am Südpol verstärkte sich die Diskussion auch in der Öffentlichkeit. Aber nicht nur am Südpol, sondern auch über unseren Köpfen nimmt schon heute das Ozon ab.

Was ist bei der Abnahme größerer Ozonmengen zu befürchten? Die Ozonschicht schützt das Leben vor der energiereichen UV-Strahlung der Sonne. Bei einem Abbau des Ozons um 1% wird mit einer Zunahme von etwa 2% des UV-B-Strahlungsanteils gerechnet[31] bzw. einer Zunahme an Hautkrebs um 3 bis 5%.

Ein steigender UV-B-Anteil bewirkt nicht nur Schädigungen der Haut, der Augen und des Immunsystems, sondern vor allem des Pflanzenwachstums und somit der Ernteerträge. Von 200 untersuchten Pflanzenarten waren etwa die Hälfte UV-empfindlich. Wird das Meeresplankton, das schon durch die natürliche UV-Strahlung reduziert wird, durch Zunahme der UV-Strahlung stärker geschädigt, so kann sich der CO_2-Haushalt der Meere ändern, aber auch die Nahrungskette würde gestört.[32]

Messungen und Berechnungen der Ozonkonzentration belegen, daß über der Bundesrepublik je nach Jahreszeit das Ozon um 2 bis 5% abnimmt – im Mittel rund 3% (Durchschnitt von 1969 bis 1986 ohne Berücksichtigung der Zunahme des Boden-Ozons). Die mittlere Abnahme des Ozons schwankt je nach Jahreszeit, Höhe und geographischer Breite – die stärksten Änderungen finden auf der südlichen Erdhalbkugel statt.[30]

Die Prognosen für die Abnahme der Ozonkonzentration in den kommenden Jahren schwanken je nach Annahme und Modell und unterscheiden sich z. T. ganz erheblich. Für 2025 wird geschätzt, daß das Ozon weltweit um 5 bis 20% abnehmen wird. Derart große Ozonverluste würden außerdem in der Stratosphäre eine Temperaturabnahme bewirken. Dies könnte die Zirkulation in der Troposphäre und das Wetter beeinflussen.

Macht euch die Erde untertan...

Ursachen für die Verwüstung

Überweidung	belastete Äcker	Abholzen von Wald
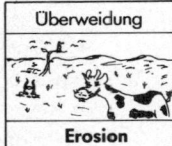	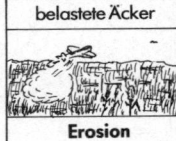	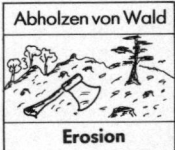
Erosion	**Erosion**	**Erosion**

Energieverbrauch	Chlor-Chemie	Brandrodung
	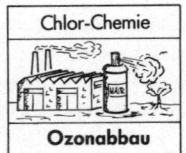	
Treibhauseffekt	**Ozonabbau**	**Treibhauseffekt**

Die Wüste wächst

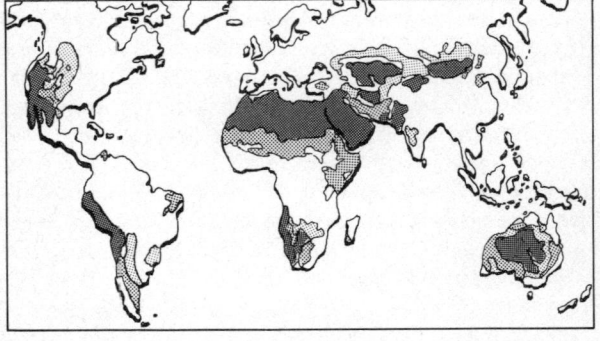

■ Wüste heute   stark gefähr-
                  dete Gebiete   gefährdete
                                        Gebiete

Gober/Natsch. Gute Argumente: Klima © Verlag C. H. Beck, München 1989

Jährlich werden weltweit etwa 210 000 km² fruchtbaren Landes zur Wüste,[33] dies entspricht annähernd der Fläche der BRD. Schuld daran sind vor allem die Menschen, die den Boden hemmungslos ausbeuten oder ausbeuten lassen. Vieles spricht dafür, daß insbesondere in Afrika die Verwüstung Klimaveränderungen nach sich zieht, die zur Verringerung von Niederschlägen und damit zur weiteren Verwüstung führen.

Wesentliche Ursachen der fortschreitenden Verwüstung sind die Überweidung und die Überbeanspruchung von Ackerböden. In vielen Ländern der Dritten Welt werden zunehmend hochwertige Böden für den Anbau von landwirtschaftlichen Exportgütern wie z. B. Kaffee und Tabak reserviert, damit die ständig wachsenden Auslandsschulden bezahlt werden können. Deshalb bleibt immer weniger und gegen Erosion anfälligeres Land für die dort lebenden Bauern, Nomaden und Tiere übrig. Dieser Trend wird durch die wachsende Bevölkerung noch verstärkt und führt letztlich zur Verwüstung. Die Suche nach neuem Ackerland oder der Mangel an Brennholz führen zur großflächigen Abholzung von Wäldern und zum gleichen Ergebnis. Neuere Daten aus Äthiopien und der Sahelzone lassen befürchten, daß dort die Niederschläge auf Dauer 20 bis 40% niedriger sein werden.[34]

In naher Zukunft werden durch den Anstieg von atmosphärischen Spurengasen Klimaveränderungen erwartet, welche die Verwüstung weiter beschleunigen. Möglicherweise hat sich das Klima in einigen Regionen der Erde schon verändert. Ein Hinweis ist die Dürreperiode, die sich 1982/83 in Indonesien ereignet hat. Die Insel Borneo, die genau auf dem Äquator liegt und zu den niederschlagsreichsten Gebieten der Erde gehört, hat ein halbes Jahr lang eine nahezu vollständige Dürre erlebt. In der Folge sind ca. 37 000 km² tropischer Regenwald niedergebrannt. Von derartigen Bränden in tropischen Wäldern war bis dahin noch nie berichtet worden.[35] Mit solchen „Anomalien" muß in Zukunft auch in anderen Tropengebieten gerechnet werden.

Streichhölzer auf dem Holzweg

Der Regenwald löst sich in Rauch auf[1]

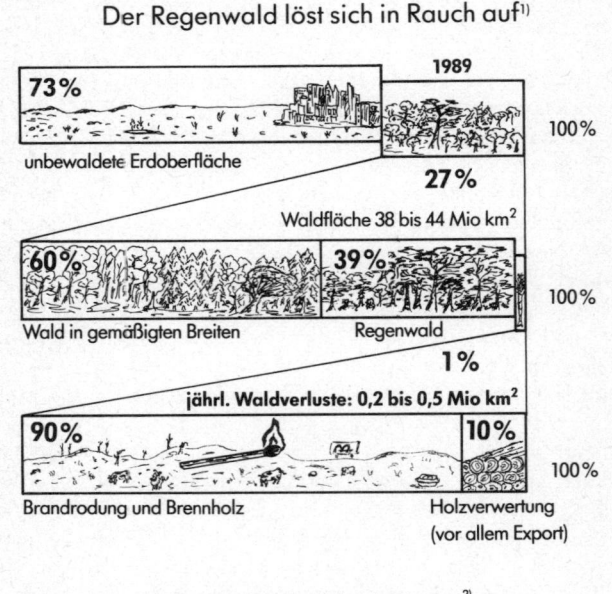

73 %
unbewaldete Erdoberfläche

1989

100 %

27 %

Waldfläche 38 bis 44 Mio km²

60 %
Wald in gemäßigten Breiten

39 %
Regenwald

100 %

1 %

jährl. Waldverluste: 0,2 bis 0,5 Mio km²

90 %
Brandrodung und Brennholz

10 %
Holzverwertung
(vor allem Export)

100 %

Der Regenwald schwindet[2]

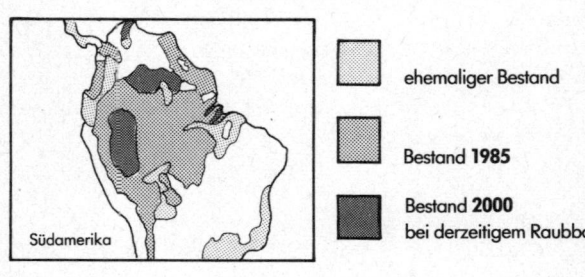

Südamerika

ehemaliger Bestand

Bestand **1985**

Bestand **2000**
bei derzeitigem Raubbau

Gober/Natsch. Gute Argumente: Klima © Verlag C. H. Beck, München 1989

Quelle: 1) Myers/Enquete Kommission 1988 2) Smithsonian Institution

Auf der Erde gab es 1980 noch 11 Mio. km² geschlossene tropische Regenwälder. Gegenwärtig verschwinden jährlich vor allem durch Brandrodung oder allmähliche Ausdünnung 200 000 bis 500 000 km², dies entspricht annähernd der Fläche der BRD oder 2–5% der gesamten Regenwaldfläche.[36] Wenn dieser Raubbau so wie bisher weitergeht, wird es bis in 30–50 Jahren keinen tropischen Regenwald mehr geben!

Knapp ein Viertel der tropischen Wälder wird durch kommerzielle Holzfäller gerodet.[37] Das Holz dient als Brennholz oder wird als willkommener Devisenlieferant in der gegenwärtigen Schuldenkrise in die Industrieländer verkauft. Die Industrieländer können die Rodung von tropischen Regenwäldern zumindest hemmen, indem sie auf den Import tropischer Hölzer verzichten und die Devisenprobleme durch faire Wirtschaftsbeziehungen lösen helfen.

Etwa 10% der tropischen Wälder gehen vor allem in Lateinamerika durch Rinderzucht in großem Stil verloren. Das Rindfleisch wird hauptsächlich nach Europa und Nordamerika exportiert und z. B. als Hamburger verarbeitet in Fast food „Restaurants" angeboten. Der Verzicht auf derartige Fleischimporte würde nicht nur große Urwaldgebiete retten, sondern zusätzlich bei uns zu einer gesünderen Ernährung beitragen.

Weitere 13% der tropischen Wälder verschwinden nach und nach durch übermäßiges Sammeln von Brennholz, das in vielen tropischen Gebieten die wichtigste Energiequelle darstellt. Dies kann langfristig nur durch Begrenzung des Bevölkerungswachstums vermieden werden. Kurz- und mittelfristig kann der Brennholzbedarf durch regenerative Energieträger reduziert werden, z. B. durch Einsatz von solaren Brauchwasseranlagen in Einrichtungen wie Krankenhäusern oder durch Biogasanlagen.

Mehr als die Hälfte des Regenwaldes wird durch „Kleinbauern" zerstört, indem ein gerodetes Stück Wald einige Jahre bewirtschaftet und das unfruchtbar gewordene Grundstück nach einigen Jahren verlassen wird. Sehr oft sind es Flüchtlinge, die in den ausgedehnten Urwaldgebieten eine neue Heimat suchen. Viele Menschen aus der Sahelzone wandern nach Süden, weil ihre Heimat durch Trockenheit und Verwüstung zerstört worden ist. Abhilfe ist hier nur möglich, wenn diesen Menschen alternative Lebensräume angeboten werden, und wenn das Bevölkerungswachstum eingedämmt wird.

Algen beeinflussen das Wetter

Meeresalgen* beeinflussen das Klima

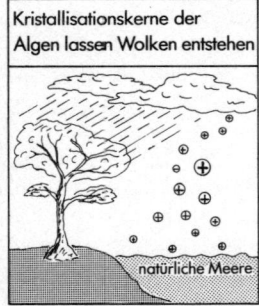

Kristallisationskerne der Algen lassen Wolken entstehen

natürliche Meere

Weniger Algen lassen weniger Wolken entstehen

verschmutzte Meere

*Phytoplankton

Verschmutzte Küsten gefährden das Plankton

Gebiete mit mittlerer bis hoher Plankton-Produktion

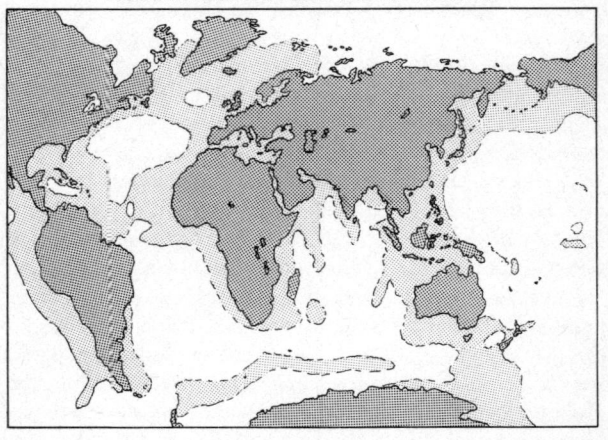

Gober/Nitsch. Gute Argumente: Klima © Verlag C. H. Beck, München 1989

Die Wolkenbildung über den Weltmeeren hat einen wesentlichen Einfluß auf das Wetter. Wolken können sich nur bilden, wenn in der Luft genügend Kondensationskerne vorhanden sind, an die sich Wasserdampf anlagern und kleine Wassertröpfchen bilden kann. Über dem Meer wird die Wolkenbildung wesentlich durch pflanzliche Einzeller bestimmt.

Einzellige Meeresalgen bilden bei der Photosynthese nicht nur lebenswichtigen Sauerstoff, sondern auch Dimethylsulfid (CH_3 SCH_3). Über das Meerwasser gelangt diese Schwefelverbindung in die Luft und bildet schließlich Tröpfchen, die hochwirksame Kondensationskerne sind. Obwohl Dimethylsulfid ein wichtiger Klimafaktor ist, weiß bis heute niemand, welche Aufgabe dieser Stoff beim Algenstoffwechsel hat.

Die durch Dimethylsulfid erzeugten Wolken verringern die Aufnahme von Licht- und Wärme durch die Weltmeere und wirken so steuernd auf das Photosynthese- und Wachstumsverhalten der Meeresalgen. Dieser Regelkreis sorgt vermutlich für eine relativ konstante Wolkenbildung über den Ozeanen und bestimmt so das weltweite Wettergeschehen direkt mit.[38, 40]

Was passiert, wenn der Mensch in diesen Regelkreis eingreift? Täglich gelangen durch Schiffe und Ölplattformen große Mengen Abfall und Erdöl ins Meer, hinzu kommt die Verschmutzung aus Dünnsäureverklappung und der Müllverbrennung auf See. Den größten Anteil an der Meeresverschmutzung dürften jedoch die gewaltigen Schadstofffrachten der Flüsse und der Eintrag von Umweltgiften über die Luft haben: So gelangen allein über die Luft jedes Jahr 3900 bis 12000 t Zink, 70 bis 380 t Cadmium, 65 bis 225 t Antimon und 1800 bis 6400 t Blei in die Nordsee.[39]

Es gibt keinen Grund anzunehmen, daß die Meeresalgen von dieser Giftflut unbeeinflußt bleiben. Wenn der Schadstoffeintrag in die Meere nicht drastisch reduziert wird, wird eine Störung des Dimethylsulfid-Regelkreislaufs immer wahrscheinlicher. Möglicherweise würde eine Verdoppelung der Dimethylsulfid-Kondensationskerne zu einer Abkühlung führen, die den Treibhauseffekt durch eine Verdoppelung von Kohlendioxid kompensiert.[40] Dies bedeutet umgekehrt, daß nach einem Algensterben durch Meeresverschmutzung oder Ozonabbau weniger Kondensationskerne da sind, wodurch weniger Wolken entstehen und die Temperaturen ansteigen.

Wüste - Made by Gentechnik?

Regen

Kristallisationskerne

natürliche Abgabe
von eisbildenden
Bakterien

intakte Natur

genetisch veränderte
Bakterien verhindern
die Eisbildung und
könnten sich un-
kontrolliert vermehren

Regen bleibt aus

behind. Kristallbildung

keine
Freiland-
versuche mit
genmanipulierten
Mikroorganismen

Wüste made by Gentechnik

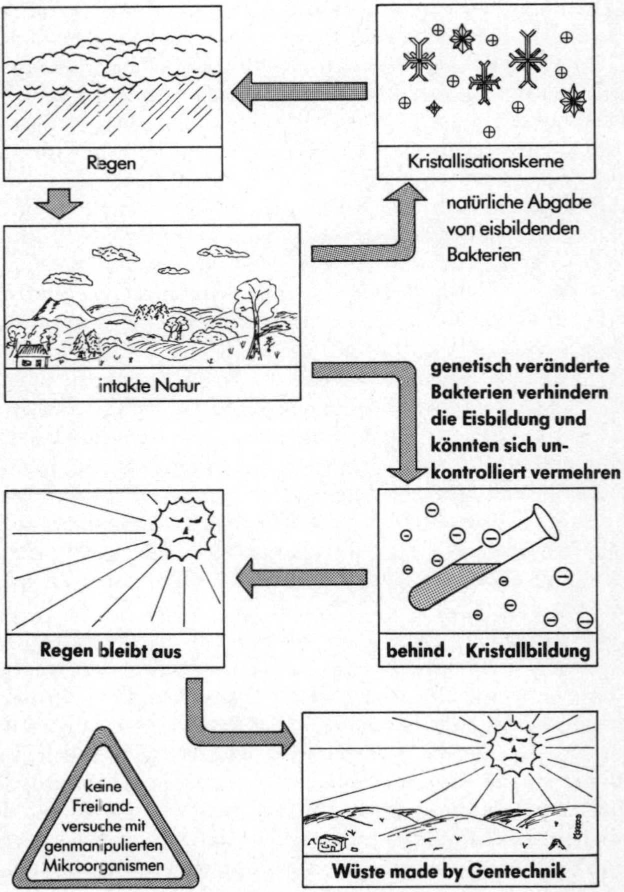

Gaber/Natsch. Gute Argumente: Klima © Verlag C. H. Beck, München 1989

Auch in den trockensten Wüsten der Erde entsteht Regen nur dann, wenn es in der Luft winzige Eiskristalle gibt. Wasser gefriert jedoch nur, wenn sog. Kondensationskerne vorhanden sind. Bis vor wenigen Jahren wurde angenommen, daß hierzu praktisch alle Verunreinigungen dienen können. Doch genauere Untersuchungen haben gezeigt, daß Staub für die Bildung von Eiskristallen praktisch wirkungslos ist, wenn nicht organische Stoffe von Bakterien daran haften, die auf Pflanzen leben. Diese Bakterien ermöglichen neben der Wolkenbildung die Frostbildung auf ungeschützten Feldfrüchten. Sie tragen zum Zerfall von Pflanzenmaterial bei und bilden so organischen Abfall, der am Boden liegend wiederum ideale Kondensationskerne darstellt.[41]

Seit einigen Jahren wird eine Hypothese diskutiert, wonach in der Sahel-Zone durch Überweidung, falsche Ackerbaumethoden und Rodung mit den Pflanzen auch die auf ihnen lebenden Bakterien verschwunden sind. Dies würde bedeuten, daß die für die Wolkenbildung erforderlichen Kondensationskerne so stark abgenommen haben, daß es weniger regnet und über das gehemmte Pflanzenwachstum der Teufelskreis der Verwüstung geschlossen wurde.

Am 24. April 1987 wurde in den USA ein Freilandversuch mit gentechnisch hergestellten Mikroorganismen durchgeführt: Die Firma „Advanced Genetic Sciences" hatte sog. Eis–Minus–Bakterien gezüchtet, welche im Gegensatz zu ihren natürlich lebenden Artgenossen keine eisbildenden Kondensationskerne erzeugen. Durch eine sog. „biologische Kontrolle" der natürlichen, eisbildenden Bakterien sollten Erdbeeren vor Frostschäden geschützt werden.[42]

Laboruntersuchungen hatten ergeben, daß die gezüchteten Bakterienstämme bei ihrer Anwendung zu einem bis zu 100000fachen Rückgang der eisbildenden Bakterien führen, wodurch Frostschäden an den Pflanzen wirksam verhindert werden können.[43] Es ist nicht auszuschließen, daß sich diese gentechnisch manipulierten Bakterien im Feldversuch unkontrolliert vermehren. Sollten sie sich über große Gebiete ausbreiten und die natürlich vorkommenden Bakterien verdrängen, würde dies zu drastischen Änderungen in der Niederschlagsverteilung führen: Aus heute fruchtbaren Landschaften entstünden trockene Wüsten!

Ozon am falschen Ort

Ozonsmog im Sommer[1]

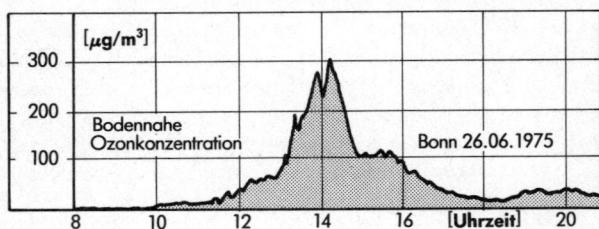

Ozonkonzentration in der BRD[2]

Jahresmittel	Spitzenwerte
$[\mu g/m^3]$	

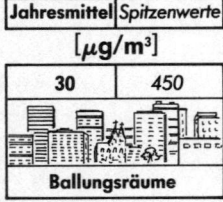

30	450
Ballungsräume	

Bei hohen Schadstoffkonzentrationen vor allem durch den Straßenverkehr entstehen **hohe Ozonspitzenwerte.**

60	250
ländliche Gebiete	

Durch den Wind wird das Ozon in ländliche Gebiete geweht. Hier ist die Luft sauberer, so daß **Ozon lansamer abgebaut** wird.

80	150
Reinluftgebiete	

In Reinluftgebieten wird besonders wenig Ozon abgebaut, so daß hier **im Jahresmittel das meiste Ozon** gemessen wird.

Gaber/Natsch. Gute Argumente: Klima © Verlag C. H. Beck, München 1989

Quelle: 1) Fabian 2) Fonds der Chem. Industrie

Während der Wintermonate kommt es gelegentlich vor, daß sich warme Meeresluft über die auf der Erdoberfläche liegende Kaltluft schiebt. Dadurch wird die natürliche Luftzirkulation unterbrochen, und Luftschadstoffe aus Heizungen, Motoren, Kraftwerken und Industrieanlagen reichern sich am Boden an, und es entsteht Smog. Wenn die Konzentrationen bestimmter Luftschadstoffe über längere Zeit sehr hoch sind, wird Smogalarm gegeben, sofern für das betroffene Gebiet eine Smogverordnung existiert.

Weit weniger bekannt ist der photochemische Ozon-Smog, der unter Einwirkung des Sonnenlichtes aus Stickoxiden, Kohlenmonoxid und Kohlenwasserstoffen gebildet wird. Diese Schadstoffe stammen fast ausschließlich aus den Auspuffrohren von Autos, weshalb photochemischer Smog bevorzugt in Ballungsgebieten mit hoher Kraftfahrzeugdichte und intensiver Sonneneinstrahlung auftritt.

Bei hohen Stickoxidkonzentrationen führt die Oxidation von Kohlenmonoxid zur photochemischen Bildung von Ozon.[44] Bis vor ca. 20 Jahren waren die Stickoxidkonzentrationen in mitteleuropäischen Großstädten noch so gering, daß Ozon überwiegend abgebaut wurde. Inzwischen haben die Stickoxidemissionen aufgrund des stark angestiegenen Auto-Verkehrs deutlich zugenommen, und in hochbelasteten Innenstadtbereichen können heute Ozonspitzenwerte von 250 $\mu g/m^3$ bis 450 $\mu g/m^3$ auftreten.

Auf dem Land und in Reinluftgebieten sind die Spitzenwerte niedriger, aber die Jahresmittelwerte deutlich höher als in den Ballungsräumen.[45] Das liegt daran, daß in den Ballungsgebieten gebildetes Ozon in unbelastete Gebiete geweht und vom Regen kaum ausgewaschen wird: Die den Ozonabbau begünstigenden Luftschadstoffe wie Stickstoffmonoxid (NO) aus dem Autoverkehr sind dort seltener, so daß die atmosphärische Ozonkonzentration großräumig ansteigt. Dadurch ist in Europa die mittlere Ozonkonzentration von 50 $\mu g/m^3$ im Jahre 1974 auf 80 $\mu g/m^3$ im Jahre 1982 angestiegen.[46]

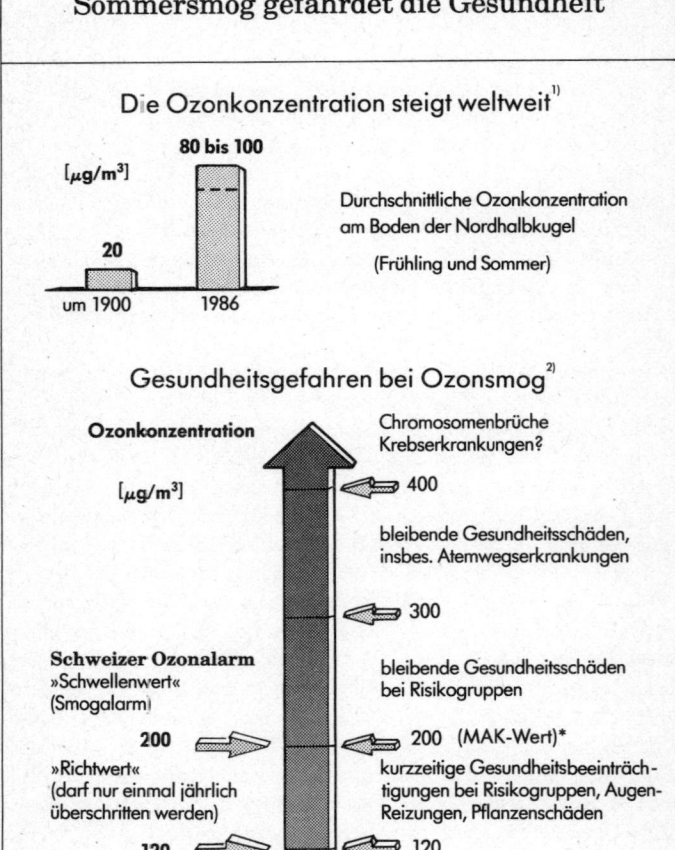

Sommersmog gefährdet die Gesundheit

Die Ozonkonzentration steigt weltweit[1]

$[\mu g/m^3]$

80 bis 100

20

um 1900   1986

Durchschnittliche Ozonkonzentration am Boden der Nordhalbkugel

(Frühling und Sommer)

Gesundheitsgefahren bei Ozonsmog[2]

Ozonkonzentration

$[\mu g/m^3]$

Chromosomenbrüche Krebserkrankungen?

400

bleibende Gesundheitsschäden, insbes. Atemwegserkrankungen

300

Schweizer Ozonalarm
»Schwellenwert«
(Smogalarm)

200

»Richtwert«
(darf nur ein einmal jährlich überschritten werden)

120

bleibende Gesundheitsschäden bei Risikogruppen

200   (MAK-Wert)*

kurzzeitige Gesundheitsbeeinträchtigungen bei Risikogruppen, Augen-Reizungen, Pflanzenschäden

120

*max. Arbeitsplatzkonzentration

Gober/Natsch. Gute Argumente: Klima © Verlag C. H. Beck, München 1989

Quelle: 1) Enquete Kommission 1988 2) Umweltausschuß der Stadt Freiburg 1988

Die bodennahe Ozon-Konzentration hat seit der Industrialisierung vor allem durch den stark angewachsenen Autoverkehr auf der Nordhalbkugel der Erde durchschnittlich um 300 bis 400% zugenommen. Sie liegt heute bei etwa 80 μg/m³.[47]

Viel höher sind die lokal im Sommer auftretenden Ozon-Spitzenwerte von bis zu 450 μg/m³. Dies sind Konzentrationen, die bei längerem und häufigem Auftreten Gesundheitsschäden hervorrufen können, insbesondere für Risikogruppen wie Kleinkinder, Kranke und alte Menschen.

Nach heutigem Kenntnisstand können bei Werten zwischen 120 und 200 μg/m³ bei den o.g. Risikogruppen Krankheitssymptome auftreten, die nach Absinken der hohen Ozonkonzentration i.d.R. keine längerfristigen Gesundheitsschäden zur Folge haben. Die Symptome sind z.B. Schleimhautreizungen von Hals, Nase, Rachen und der Augen sowie Müdigkeit und Kopfschmerzen. Oberhalb von 200 μg/m³ (Grenzwert für die maximale Arbeitsplatzkonzentration in der BRD) treten morphologische Veränderungen bei Risikogruppen auf. Bei der allgemeinen Bevölkerung werden bei Konzentrationen von 300 μg/m³ und mehr o.g. Symptome erwartet. Ab 400 μg/m³ treten funktionelle Veränderungen wie Chromosomenbrüche und möglicherweise auch Krebserkrankungen auf.

In der „trauten Schwarzwaldstadt" Freiburg ist z.B. am 28.6. 1986 eine Ozon-Konzentration von 291 μg/m³ gemessen worden. Aus diesen Gründen wird immer häufiger ein Ozon-Smog-Alarm diskutiert, wie auch 1988 im Freiburger Umweltausschuß.

Ab 1994 darf nach der Schweizer Luftreinhalteverordnung ein sog. „Ozonrichtwert" von 120 μg/m³ nicht mehr als einmal im Jahr überschritten werden. In Lörrach (Südbaden) hat sich das Gesundheitsamt der Stadt Basel angeschlossen und schon heute einen Schwellenwert von 200 μg/m³ festgelegt, bei dem die Bevölkerung gewarnt und Ozon vermindernde Maßnahmen ergriffen werden sollen.[48]

Da jeglicher Smog-Alarm immer nur die Symptome und nicht die Ursachen bekämpft, müssen im Verkehrsbereich die in F 10 beschriebenen Maßnahmen unbedingt ergriffen werden.[49]

Bis dahin gilt bei Ozon-Alarm: Keine anstrengenden Arbeiten ausführen, zu Hause bleiben, auf das Auto verzichten und öffentliche Verkehrsmittel nutzen – oder rasen, bis uns die Luft wegbleibt!

Die ganz normal schlechte Luft

Luftverschmutzung kommt teuer zu stehen

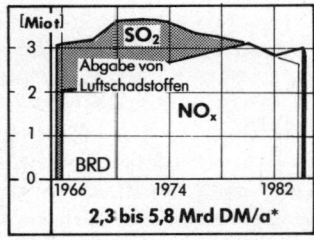

2,3 bis 5,8 Mrd DM/a*

Gesundheitsschäden:
Luftschadstoffe verursachen
Erkrankungen der Atemwege,
Pseudokrupp, Lungenkrebs
und schwächen das
Immunsystem

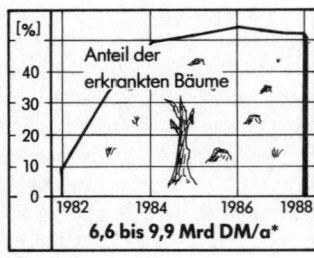

6,6 bis 9,9 Mrd DM/a*

Waldschäden in der BRD:
Keine Besserung in Sicht

min. 2,3 Mrd DM/a*

Schäden an Gebäuden,
Brücken, Kunstwerken etc.
durch sauren Regen

* Beispiele geschätzter Folgekosten der Luftverschmutzung

Quelle: VDI/Wicke

Gober/Nötsch. Gute Argumente: Klima © Verlag C. H. Beck, München 1989

Gasförmige Luftverunreinigungen wie Schwefeldioxid, Stickoxide oder Ozon führen bei chronischer Einwirkung schon bei niedrigen Konzentrationen zu entzündlichen Veränderungen der Atemwege und der Lunge. Hierdurch wird unter anderem die Selbstreinigung der Lunge gestört, wodurch die Atemwege anfällig für akute oder chronische Erkrankungen wie Erkältungen, Bronchitis oder Bronchialasthma werden. Pseudokrupp bei Kindern wird durch Luftverunreinigungen ebenfalls begünstigt. Durch Anlagerung an Aerosole werden krebserregende Kohlenwasserstoffe, die vor allem aus Autoabgasen stammen, in die Lunge befördert, wo sie sich ablagern.[50] Dies erklärt das vermehrte Auftreten von Lunkenkrebs in Ballungsgebieten.

Tiere werden durch Luftverunreinigungen nicht so stark geschädigt wie Pflanzen. Obwohl lokale Pflanzenschäden schon früher in Kleingärten und bei Obstbäumen beobachtet wurden, gelangten sie erst durch das Waldsterben in das öffentliche Bewußtsein. Früher wurden vor allem Schwefeldioxid und Stickoxide für das Waldsterben verantwortlich gemacht. Heute wird immer häufiger das Ozon als Mitverursacher genannt, dessen Konzentration in Reinluftgebieten um jährlich 1% und mehr zugenommen hat. Vermutlich werden die Zellen der Blätter durch Ozon vorgeschädigt, so daß Einflüsse wie Saurer Regen, Schwermetalle, Schädlinge usw. leichter die Bäume angreifen können.[51]

Durch Luftschadstoffe entstehen erhebliche Schäden an Bau- und Kunstwerken. Zahlreiche Kunstwerke vor allem aus Marmor und Sandstein gehen unwiederbringlich verloren. Allein für die Instandhaltung des Kölner Doms müssen ca. 5 Mio DM jährlich aufgebracht werden. Die Immissionsschäden an allen Bau- und Kunstwerken der BRD belaufen sich jährlich auf ca. 2,3 Mrd DM.

Die Gesundheitsschäden wurden 1985 auf 2,3 bis 5,8 Mrd DM geschätzt, Waldschäden auf 5,5 bis 8,8 Mrd DM. Die sog. „rechenbaren Schäden" ergeben für die BRD insgesamt 11,2 bis 18 Mrd DM jährlich. Bei der Bevölkerung zählen nichtmaterielle Schäden wie etwa die Beeinträchtigung des Wohlbefindens oft mehr als materielle: Die Gesamtschäden durch die Luftverschmutzung müssen daher mit insgesamt rund 48 Mrd DM weit höher angesetzt werden, sofern sie sich überhaupt durch Geld ausdrücken lassen.[52, 53]

Die ganz normal schlechte Sicht

Verdreifachung der Aerosole in 60 Jahren[1]
Konzentration der Aerosole über dem Nordatlantik

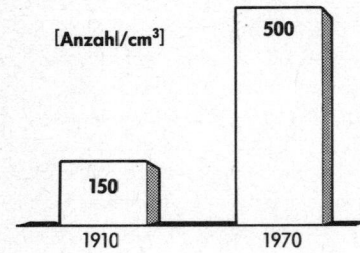

[Anzahl/cm³]

500

150

1910   1970

Je höher die Aerosol-
konzentration, desto
schlechter die Sicht

Folgen erhöhter Aerosolkonzentration[2]

Gesundheitsschäden

schlechte Sicht

Inversionswetterlagen
werden begünstigt

Beeinflussung des Wetters
durch Verringerung der
Luft-Leitfähigkeit

Gober/Nötsch. Gute Argumente: Klima © Verlag C. H. Beck, München 1989

Quelle: 1) Mühleisen 2) Löbel

Aerosole sind in Luft fein verteilte, feste oder flüssige Teilchen. Ihre Durchmesser reichen etwa von 0,001 bis 100 μm. In einer Stadt mit 100000 Einwohnern emittieren Industrie, Kraftfahrzeuge und Heizungsanlagen im Mittel 1200 t Staubaerosol pro Jahr. Zusätzlich bildet ein Teil der SO_2- und NO_x-Emissionen durch Spurengasreaktionen in der Atmosphäre etwa 3000 t aerosolförmiges Sulfat bzw. Nitrat.[54] Diese „sekundären" Aerosole lagern sich so lange aneinander, bis sie eine typische Größe von 0,1 bis 1 μm erreichen. Aerosole gefährden die Gesundheit, weil sie tief in die Lunge eindringen und sich in den Lungenbläschen festsetzen können.

Um die Luftverschmutzung in der unmittelbaren Umgebung zu verringern, dürfen Öl- und Kohlekraftwerke ihre Abgase nur über hohe Schornsteine an die Umwelt abgeben. Jedoch bleiben auf diese Weise die SO_2-Abgase lang genug in der Atmosphäre, um zusammen mit anderen Substanzen saure, sulfathaltige Aerosole zu bilden, welche weiträumig verfrachtet werden können: Ihre horizontale Reichweite kann bis zu 8000 km betragen, und sie können in Höhen von mehr als 10000 m vordringen.[55] Auf diesem Weg dringen Abgase aus fossil befeuerten Kraftwerken in Reinluftgebiete vor und schädigen dort die Umwelt.

Weil Sulfataerosole das Licht sehr stark streuen, machen sie sich bei hohen Konzentrationen als Dunst und durch eine stark verminderte Sichtweite bemerkbar. Vermutlich wird durch die starke Lichtstreuung das Temperaturprofil zwischen Atmosphäre und Erdoberfläche verändert, weil das gestreute Licht die Erdoberfläche nicht mehr erreicht und somit die Luft am Boden weniger erwärmt wird. Die gleichzeitige stärkere Erwärmung höherer Luftschichten begünstigt Inversionswetterlagen, bei denen die Temperatur mit der Höhe zu- statt abnimmt.[56] Bei Inversionen wird die Luftzirkulation praktisch unterbrochen, was besonders in industriellen Ballungsgebieten zu einem starken Anwachsen der Schadstoffkonzentrationen bis hin zum Smog führt.

Der Aerosolgehalt über dem Atlantischen Ozean hat sich zwischen 1910 und 1970 etwa verdreifacht – Aerosole breiten sich also über große Distanzen aus. Mit dem Anstieg ist eine Verringerung der Ionenkonzentration und somit der elektrischen Leitfähigkeit der Luft in diesem Zeitraum verbunden.[57] Bisher ungeklärt ist, in welchem Maße diese Veränderungen das Wettergeschehen über dem Atlantik beeinflussen.

Lebensdauer verschiedener Spurengase

Lebensdauer von Luftschadstoffen

 FCKW, CCl$_4$, N$_2$O   **50 bis 150 Jahre**

 Methan   **7 Jahre**

 Kohlenmonoxid   **2 Monate**

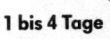 NO$_x$, SO$_2$ **1 bis 4 Tage**

Ausbreitung von Luftschadstoffen

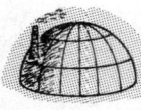 Erdhalbkugel   **2 Monate**

 ganze Erde   **2 Jahre**

Gober/Nütsch. Gute Argumente: Klima © Verlag C. H. Beck, München 1989

Ob in die Atmosphäre abgegebene Gase nur lokal, regional oder global eine Rolle spielen, hängt hauptsächlich von ihrer Lebensdauer in der Troposphäre ab. Dies ist unabhängig davon, ob diese Gase aus menschlichen Aktivitäten oder von natürlichen Prozessen stammen.[58]

Schwefeldioxid (SO_2) und Stickoxide (NO_x) haben eine troposphärische Lebensdauer von nur wenigen Tagen. Ihre Konzentration schwankt räumlich und zeitlich sehr stark, und eine Anreicherung auf hohe Konzentrationen ist nur lokal in der Umgebung der Emissionsquellen möglich (Winter-Smog). Abgase, die durch hohe Schornsteine in die freie Luftströmung abgegeben werden, können über weit größere Distanzen verfrachtet werden.

Damit sich Spurengasemissionen über eine Erdhalbkugel gleichmäßig verteilen können, muß ihre Lebensdauer mindestens zwei Monate betragen. Für eine gleichmäßige Verteilung über die ganze Erde ist eine Lebensdauer von zwei Jahren notwendig.[59]

Aus der geographischen Verteilung von Spurengasen lassen sich Rückschlüsse auf die Quellen und die atmosphärische Lebensdauer ziehen. Lachgas und Methan z. B. sind über die ganze Erde gleichmäßig verteilt. Ihre Lebensdauer muß deshalb länger als zwei Jahre sein. Kohlenmonoxid ist innerhalb von beiden Erdhalbkugeln gleichmäßig verteilt, hat aber auf der Nordhalbkugel eine etwas höhere Konzentration als auf der Südhalbkugel. Seine Lebensdauer liegt somit zwischen zwei Monaten und zwei Jahren, und die Quellen müssen überwiegend auf der Nordhalbkugel liegen.[60]

Die atmosphärische Konzentration von kurzlebigen Gasen hängt sehr stark von der augenblicklichen Aktivität ihrer Quellen ab. Dies bedeutet, daß z. B. die Luftverschmutzung durch das kurzlebige SO_2 innerhalb weniger Tage verschwinden würde, wenn kein SO_2 mehr emittiert wird. Bei Gasen wie Lachgas oder den Fluorchlorkohlenwasserstoffen (FCKW) mit atmosphärischen Lebensdauern im Bereich von 100 Jahren ist dies viel brisanter: Auch wenn alle von Menschen hervorgerufenen Emissionen von einem Tag auf den anderen unterblieben, würde es mehrere hundert Jahre dauern, bis die natürlichen Konzentrationen wieder erreicht sind.

Radikale - die Müllabfuhr der Atmosphäre

Schadstoffe werden durch OH-Radikale umgewandelt

Aus SO_2, NO_x usw. werden die Säuren H_2SO_4, HNO_3 usw.

Gestörte Müllabfuhr

OH-Radikale werden durch Kohlenmonoxid (CO) abgebaut

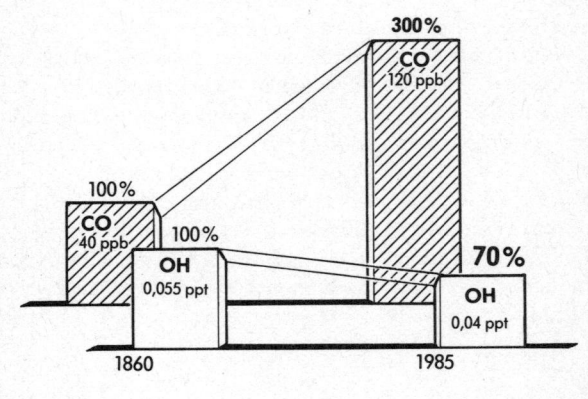

Gober/Natsch. Gute Argumente: Klima © Verlag C. H. Beck, München 1989

Neben den gewöhnlichen Spurengasen gibt es in der Atmosphäre noch Radikale. Dies sind Atome oder Moleküle, bei denen nicht alle chemischen Bindungsmöglichkeiten ausgenutzt und die deshalb sehr reaktionsfreudig und damit kurzlebig sind. Gerade deshalb haben sie für die Atmosphärenchemie und besonders für den Abbau der meisten Luftschadstoffe entscheidende Bedeutung. Sehr wichtig ist das aus Ozon und Wasserdampf photochemisch gebildete OH-Radikal. Dieses weist in reiner Luft eine sehr geringe troposphärische Konzentration von maximal 0,04 ppt auf. Beziffert man den Bundesetat auf 250 Mrd DM, so entspräche die Konzentration des OH-Radikals einem einzigen Pfennig!

Die meisten Spurengase, die an die Atmosphäre abgegeben werden, können noch oxidieren und sind kaum wasserlöslich. Sie werden jedoch durch eine Vielzahl von photochemischen Reaktionen oxidiert und in eine wasserlösliche Form überführt, so daß sie vom Regen ausgewaschen werden können. Beispielsweise wird aus Schwefeldioxid Schwefelsäure (H_2SO_4), die mit dem Niederschlag aus der Atmosphäre entfernt wird.[61] Gäbe es keine OH-Radikale mehr, würde die Chemie in der Troposphäre so stark beeinträchtigt werden, daß die Luftschadstoffe kaum noch abgebaut würden!

Bei der Oxidation von Kohlenmonoxid (CO), das u.a. aus dem Straßenverkehr stammt, werden OH-Radikale verstärkt abgebaut. Da CO aufgrund menschlicher Einflüsse in der Atmosphäre der Nordhalbkugel häufiger vorkommt als auf der Südhalbkugel, gibt es nach Modellrechnungen auf der Nordhalbkugel etwa 20% weniger OH-Radikale.[62] Gegenwärtig nimmt die CO-Konzentration weltweit um 0,8 bis 1,4% pro Jahr zu. Schon heute ist deshalb die OH-Konzentration um etwa 30% niedriger als vor 100 Jahren und nimmt weiter ab.[63] Wenn diese Berechnungen zutreffen, dann würden schon heute zahlreiche atmosphärische Spurengase langsamer durch OH-Radikale abgebaut als bisher. Ein weiterer Abbau hätte größere Störungen in der troposphärischen Chemie zur Folge. Vor allem die Konzentration von Treibhausgasen wie Methan oder Ozon würde dann schneller ansteigen und die Temperatur zusätzlich erhöhen.

Der atomare Winter

Die Klimafolgen eines Atomkrieges

Abnahme der Helligkeit

Rauch- und Rußwolken, die bei Feuerstürmen nach Atomexplosionen hoch in die Atmosphäre gewirbelt werden, verfinstern monatelang die Sonne.

Abkühlung

Diese Wolken würden weite Gebiete der Nordhalbkugel bedecken und innerhalb von wenigen Tagen eine kontinentale Abkühlung von 20 bis 40°C bewirken.

weniger Niederschlag

Durch die enorme Abkühlung verdunstet nur noch sehr wenig Wasser, der Regen bleibt aus.

Zunahme der UV-Strahlung

Bei Atomexplosionen entstehen gewaltige Mengen an Stickoxiden, die in die Stratosphäre gelangen und die Ozonschicht zerstören.

Quelle: Crutzen/Hahn 1985

Gober/Nötsch. Gute Argumente: Klima © Verlag C. H. Beck, München 1989

Was passiert, wenn bei einem Atomkrieg die Hälfte des Atomwaffenarsenals mit einer Sprengkraft von etwa 300 000 Hiroshima-Bomben zum Einsatz käme? Bis zu Beginn der 80er Jahre wurden nur die direkten Folgen der atomaren Explosionen sowie die Folgen der daraus resultierenden radioaktiven Strahlung berücksichtigt. Die möglichen klimatischen Folgen der enormen Rauch- und Rußwolken, die durch Brände vor allem in städtischen Gebieten als Folge eines Atomkrieges entstehen können, sind bis dahin vernachlässigt worden.

Atomwaffen haben eine enorme Brandwirkung. Der bei einer Detonation ausgehende Hitzeblitz und die durch die Druckwelle ausgelösten Feuer durch Kurzschlüsse, Gasleitungsbrüche oder Treibstofflager würden in Städten und Industriegebieten zu gewaltigen Feuerstürmen führen. Dabei entständen gigantische Wolken von Rauch, Ruß und Giftstoffen, die innerhalb von Minuten bis in 10 bis 15 km Höhe verfrachtet werden können.[64]

Wenn sich diese Wolken über die mittleren geographischen Breiten der Nordhalbkugel ausbreiten, vermindert sich die Tageshelligkeit in diesen Gebieten auf weniger als ein Zehntel. Über kontinentalen Gebieten, wo sich die in den Meeren gespeicherte Wärme kaum auswirkt, kann es innerhalb von wenigen Tagen um 20 bis 40 °C kälter werden.[64, 65] Als weitere Folge der Ruß- und Staubwolken muß das Ausbleiben von Niederschlägen erwartet werden.

Sehr große Atomwaffen erzeugen bei der Explosion gewaltige Mengen an Stickoxiden, die von dem riesigen Atompilz sogar bis in die Stratosphäre hochgetragen werden. Dort würde durch die Stickoxide innerhalb weniger Monate die Ozonschicht der Nordhalbkugel um 10 bis 30% reduziert. In diesen Höhen erwärmen sich durch die Sonne die Rußpartikel und somit die Luft und verstärken dadurch möglicherweise den Ozonabbau. Eine beträchtliche Erhöhung der UV-Strahlung am Erdboden wäre die Folge.[64]

Diese gewaltigen Störungen würden unvermeidlich zu einer weitgehenden Vernichtung der Ernten und zu Hungersnöten in nie gekanntem Ausmaß führen. Unter den Überlebenden dürfte es zu sozialen Unruhen und Verteilungskämpfen um Lebensmittel und andere Ressourcen kommen, deren Ausmaß sich heute niemand vorstellen kann. Wahrscheinlich würden die durch einen Atomkrieg ausgelösten Klimastörungen über viele Jahre oder Jahrzehnte anhalten!

Entwicklungstendenzen wider die Vernunft

Die Welt platzt aus den Nähten

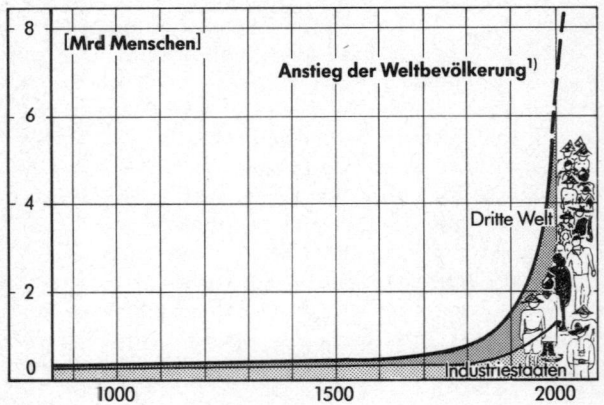

Energieverschwendung in den Industriestaaten

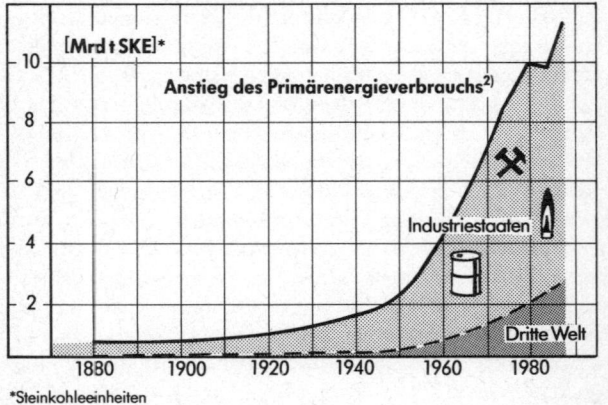

*Steinkohleeinheiten

Gober/Notsch. Gute Argumente: Klima © Verlag C.H. Beck, München 1989

Quelle: 1) Bossel 2) Enquete Kommission 1988

Im Jahre 8000 v. Chr. lebten auf der Erde etwa 5 Millionen Menschen. Vor 2000 Jahren, als der römische Kaiser Augustus seine legendäre Volkszählung durchführen ließ, waren es schon 200 bis 300 Millionen. Die „Schallmauer" von 1 Milliarde Menschen wurde etwa im Jahre 1850 überschritten, und heute leben 5,2 Milliarden Menschen auf diesem Planeten. Wenn das heutige Bevölkerungswachstum anhält, wird sich die zukünftige Weltbevölkerung alle 40 Jahre verdoppeln! Dieses Wachstum ist jedoch ungleich verteilt: Während sich in den Industrieländern die Bevölkerung jährlich um etwa 0,6% erhöht, nimmt sie in den Ländern der Dritten Welt um 2,1% zu.[66]

Ähnlich rasant hat sich der weltweite Verbrauch an Primärenergie entwickelt – er nahm z. B. von 1965 bis 1973 um rund 50% zu, was einer jährlichen Steigerungsrate von 5% entspricht. Trotz der Ölpreiskrise von 1973/74, während der vielen Menschen die Endlichkeit der Vorräte bewußt wurde, ist bis 1985 nochmals 25% mehr Energie verbraucht worden.[67]

Obwohl in den Industrieländern nur ein Viertel der Weltbevölkerung lebt, verbrauchen diese Menschen über 80% der Primärenergie. So verbraucht ein Bundesbürger im Durchschnitt etwa zwölfmal mehr Energie als ein Bewohner der Dritten Welt.[68]

Dessenungeachtet verbrauchen immer mehr Menschen immer mehr Land, Rohstoffe und Energie. In den Ländern der Dritten Welt ist die Zahl der Kinder und damit der zukünftigen Eltern weit höher als die der heute lebenden Eltern, ein weiterer Bevölkerungsanstieg ist damit vorprogrammiert: Selbst wenn sich z. B. in Afrika mit einem jährlichen Bevölkerungswachstum von ca. 3% die Zweikindfamilie durchsetzt, würde sich trotzdem die Bevölkerung innerhalb von 25 Jahren verdoppeln.[69]

Ein wichtiger Grund für die Bevölkerungsexplosion in der Dritten Welt ist die Armut. Gängige Praxis ist, daß die Existenzsicherung und Altersversorgung über die Anzahl der Kinder „gesichert" wird. Frühere Formen der Geburtenkontrolle wie ausgedehnte Stillzeiten bei Kleinkindern sind in Vergessenheit geraten. Moderne Verhütungsmittel stehen häufig nicht zur Verfügung, sind zu teuer, oder es mangelt an Aufklärung über ihre Anwendung. Weil z. B. durch die kath. Kirche die Schwangerschaftsverhütung praktisch ausgeschlossen ist, können Programme zur Geburtenkontrolle nur dort greifen, wo diese Institution nicht vertreten ist.

Die Grenzen der Klimaforschung

Wenn die Klimakatastrophe zur Gewißheit wird

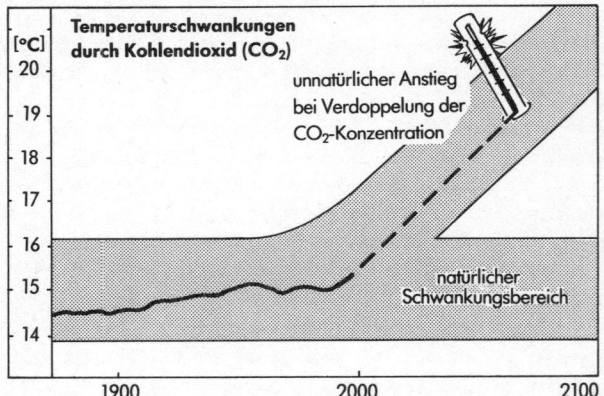

Temperaturschwankungen durch Kohlendioxid (CO_2)

[°C]

unnatürlicher Anstieg bei Verdoppelung der CO_2-Konzentration

natürlicher Schwankungsbereich

Unklarheiten im CO_2-Haushalt der Erde

Beim Vergleich von Aufnahme und Abgabe entsteht rechnerische eine »fehlende Senke«

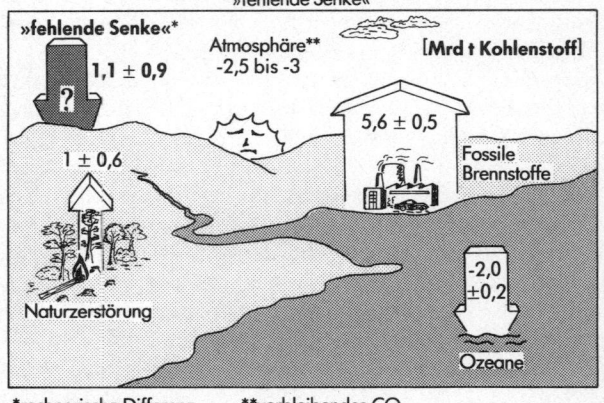

»fehlende Senke«* $1,1 \pm 0,9$?

Atmosphäre** -2,5 bis -3

[Mrd t Kohlenstoff]

$5,6 \pm 0,5$ Fossile Brennstoffe

$1 \pm 0,6$ Naturzerstörung

$-2,0 \pm 0,2$ Ozeane

*rechnerische Differenz   **verbleibendes CO_2

Graber/Nietsch. Gute Argumente: Klima © Verlag C. H. Beck, München 1989

Klimamodelle sagen bei einer Verdoppelung des atmosphärischen Kohlendioxidgehaltes eine Erhöhung der globalen Durchschnittstemperatur um 1,5 °C bis 4,5 °C voraus. Da diese Modelle Unzulänglichkeiten aufweisen und innerhalb des Klimasystems viele Zusammenhänge noch unbekannt sind, sind diese Aussagen mit Unsicherheiten behaftet. Nicht zuletzt sind auch die leistungsfähigsten Supercomputer der Welt viel zu langsam und haben einen zu kleinen Speicher, um die vorhandenen Klimamodelle mit zufriedenstellender Genauigkeit zu rechnen. Mit ihnen ist es bis heute nicht möglich, Aussagen über regionale Klimaänderungen zu machen, weil das Weltklima nur mit einem Raster von 500 km simuliert werden kann.[70]

Auch der Wärmeaustausch der Luft mit den Ozeanen und Veränderungen in den Meeresströmungen konnten bisher auch bei den besten Klimamodellen nicht zufriedenstellend berücksichtigt werden.

Eine weitere Unsicherheit in den Klimamodellen betrifft den Einfluß der Wolken auf das Klima. Wolken beeinflussen sowohl die Sonneneinstrahlung selbst als auch die Rückstrahlung der Wärme von der Erde in den Weltraum. Nur sehr schwer lassen sich die klimarelevanten physikalischen Prozesse der Wolken in ein Klimamodell einbauen. So sind in den Klimamodellen die Veränderungen in der Wolkenbedeckung, der oberen Wolkengrenze und des Wassergehalts der Wolken bisher unberücksichtigt.

Der globale Temperaturanstieg der letzten 100 Jahre liegt noch im Bereich natürlicher Klimaschwankungen. Alle Computermodelle sagen einen Temperaturanstieg durch Kohlendioxid und andere Spurengase voraus, aber diese Modelle können nur von einer kleinen Anzahl Experten durchschaut und überprüft werden.

Der jährliche Anstieg der CO_2-Konzentration in der Erdatmosphäre ist geringer als im Modell erwartet. Deshalb wird über eine „fehlende Senke" spekuliert, die atmosphärisches Kohlendioxid aufnimmt. Eine solche Senke stellen vermutlich Algen dar, die im Meer zu bestimmten Zeiten massenhaft absinken und beträchtliche Mengen an Kohlendioxid aus dem Oberflächenwasser entfernen. Die Wirksamkeit einer solchen „biologischen Pumpe" ist bislang weitgehend unbekannt.[71]

Stimmen die Klimamodelle?

Vorhersagen im Wandel der Zeit[1]

Beispiele für die geschichtliche Entwicklung eines Klimamodells

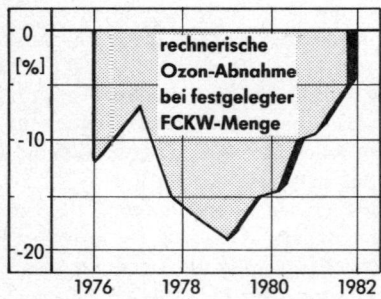

rechnerische Ozon-Abnahme bei festgelegter FCKW-Menge

Die immer weiter verbesserten wissenschaftlichen Grundlagen flossen nach und nach in das Modell ein und veränderten so ständig die Aussage über die Ozonabnahme.

Alle wichtigen Stoffe müssen betrachtet werden[2]

In einem Modell errechnete Ozonänderung bei bestimmten Annahmen*

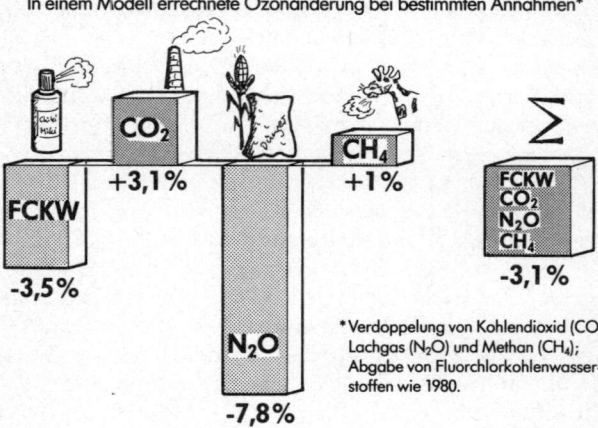

FCKW **-3,5%**

CO_2 **+3,1%**

CH_4 **+1%**

N_2O **-7,8%**

$\sum$ FCKW CO_2 N_2O CH_4 **-3,1%**

*Verdoppelung von Kohlendioxid (CO_2), Lachgas (N_2O) und Methan (CH_4); Abgabe von Fluorchlorkohlenwasserstoffen wie 1980.

Gaber/Nötsch. Gute Argumente: Klima © Verlag C. H. Beck, München 1989

Quelle: 1) Wayne 2) Brasseur und de Rudder

In welchem Umfang Spurengase aus menschlichen Aktivitäten die Ozonschicht schädigen, wird oft mit sehr unterschiedlichem Ergebnis diskutiert. Der vorausgesagte Grad der Schädigung hängt nicht nur vom verwendeten Klimamodell, sondern auch von den gewählten Annahmen ab.

Neue wissenschaftliche Erkenntnisse können die Aussage innerhalb eines Klimamodells bei gleichen Rahmenbedingungen beträchtlich verändern. So schwankten die Voraussagen des Lawrence Livermore Labors über die Ozonabnahme durch die gleiche Menge an FCKW von 1976 bis 1982 zwischen 5 und 18%.

Um an einem weiteren Beispiel diese Probleme zu zeigen, wurde ein Klimamodell von Brasseur und de Rudder gewählt. Dieses untersucht den Einfluß einer Verdoppelung der Spurengase CO_2, N_2O und CH_4 sowie die Wirkung der FCKW, wenn sie in dem Ausmaß wie 1980 weiter emittiert werden.[72] Während die FCKW und N_2O jeweils zu einer Zerstörung von Ozon führen, erhöht sich der Ozongehalt der Atmosphäre, wenn sich die Konzentration von CO_2 oder CH_4 verdoppelt. Werden alle Spurengase zusammen berücksichtigt, verringert sich nach diesem Klimamodell die Ozonkonzentration um 3,1%, während die FCKW alleine zu einer Ozonreduktion um 3,5% führen würden.

Wenn in diesem Klimamodell nur die FCKW betrachtet werden, würde das Ozon um 3% bis zum Jahre 2080 abnehmen. Werden zusätzlich CO_2 und N_2O mit den heutigen Zuwachsraten mitbetrachtet, so würde nur halb soviel Ozon zerstört werden. Fügt man den Modellannahmen einen jährlichen Zuwachs von CH_4 um 1,5% hinzu, so würde gegenüber heute sogar 2,8% mehr Ozon vorhanden sein.

Derartige Ergebnisse haben Klimaforscher zu der irrigen Annahme verleitet, Spurengase aus menschlichen Aktivitäten können die Ozonschicht allenfalls in sehr langen Zeiträumen und nur geringfügig schädigen, wenn überhaupt. Politiker und Chemische Industrie nutzten solche Annahmen, um untätig wie bisher weitermachen zu können. Um so böser war das Erwachen, als das Ozonloch über der Antarktis entdeckt wurde: Hatten doch in der Vergangenheit auch die allerdüstersten Prognosen unter widrigsten Umständen nie eine Ozonzerstörung von mehr als 20% ergeben, so war hier im antarktischen Frühling eine Abnahme des Ozons um über 50% aufgetreten!

Natürliche und »hausgemachte« Quellen

Der Mensch verändert die Atmosphäre
Hausgemachter Anteil an den Emissionen klimagefährdender Gase

Gas	Wirkung	hausgemachter Anteil
CO_2	Treibhauseffekt	3%
N_2O	Treibhauseffekt Ozonabbau	40%
CO	Sommersmog Abbau von OH-Radikalen	45%
NO_x	Saurer Regen; Sommer- und Wintersmog, Ozonabbau durch Flugzeuge	60%
CH_4	Treibhauseffekt	70%
SO_2	Saurer Regen Wintersmog Schlechte Sicht	95%
FCKW	Ozonabbau Treibhauseffekt	100%

Gaber/Natsch. Gute Argumente: Klima © Verlag C. H. Beck, München 1989

Der natürliche Kohlenstoffkreislauf ist ein weitgehend abgeschlossenes System, das schon heute durch nur etwa 3% der weltweiten CO_2-Abgaben aus dem Gleichgewicht geraten ist.[73] Diese 3% stammen aus der Verbrennung fossiler Brennstoffe und der Abholzung tropischer Regenwälder. Die CO_2-Konzentration in der Atmosphäre steigt stark an, denn Senken wie die Meere können nur einen Teil des zusätzlichen Kohlendioxids binden. Der Anteil von CO_2 am Treibhauseffekt ist vorherrschend, weil dessen Konzentration etwa 100 mal größer ist als von allen anderen klimarelevanten Spurengasen zusammen. Jene haben zwar geringere Konzentrationen in der Atmosphäre, sind aber als Treibhausgase effektiver.

Der von Menschen verursachte, „hausgemachte" Anteil ist bei den übrigen klimarelevanten Spurengasen deutlich höher und reicht von ca. 40% bei Lachgas (N_2O) bis zu 100% bei den FCKW.[74-78] Da wesentliche Klimafaktoren wie Temperatur, UV-Strahlung oder Reinheit der Luft von der Konzentration dieser Spurengase abhängen, muß bei Störungen des atmosphärischen Stoffhaushalts mit Klimaveränderungen gerechnet werden. Diese werden um so schwerwiegender sein, je stärker die Konzentration eines Spurengases ansteigt, und je größer der Einfluß dieser Komponente auf das Klima ist.

Der jeweils gewaltige „hausgemachte" Anteil an den Spurengasen sollte allemal ausreichen, um sofort weitere Emissionen einzuschränken. Klimamodelle geben nur Hinweise darauf, welche Einflüsse die größten Klimagefahren darstellen; sie dürfen nicht dazu genutzt werden, um dringende Maßnahmen zu verzögern oder gar zu verhindern.

Bei Stoffen, die in der Natur nicht vorkommen, können die Klimaveränderungen sehr schwer abgeschätzt werden. Solange ihr Verhalten in der Umwelt nicht genau bekannt ist, muß angenommen werden, daß sie genauso wie andere Spurengase die Chemie der Atmosphäre und damit das Klima beeinflussen. Wie groß dieser Einfluß ist, kann mit den heutigen Modellen nicht einwandfrei bestimmt werden. Dies zeigt, wie unverantwortlich es ist, künstliche Stoffe wie die FCKW großtechnisch herzustellen und unerreichbar in die Atmosphäre entweichen zu lassen.

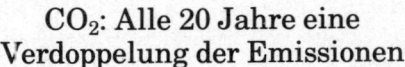

CO$_2$: Alle 20 Jahre eine Verdoppelung der Emissionen

Treibhausgas CO$_2$ auf dem Vormarsch

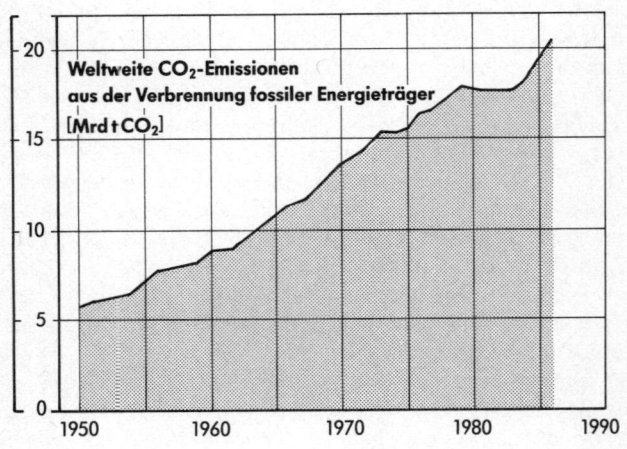

Weltweite CO$_2$-Emissionen
aus der Verbrennung fossiler Energieträger
[Mrd t CO$_2$]

Welche Länder heizen uns ein?
Aufteilung der CO$_2$-Emissionen nach Ländern

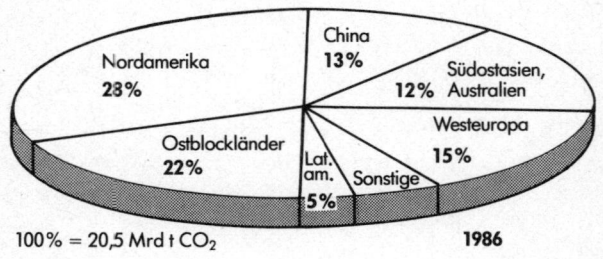

Nordamerika 28%

China 13%

Südostasien, Australien 12%

Ostblockländer 22%

Lat. am. 5%

Sonstige

Westeuropa 15%

100% = 20,5 Mrd t CO$_2$ 1986

Gober/Natsch. Gute Argumente: Klima © Verlag C. H. Beck, München 1989

Nach Angaben der Enquete Kommission „Vorsorge zum Schutz der Erdatmosphäre" wurden 1986 durch die Verbrennung fossiler Rohstoffe weltweit rund 20,5 Mrd. t Kohlendioxid freigesetzt. Hiervon entfielen 9,1 Milliarden Tonnen CO$_2$ auf die Verbrennung von Erdöl. Durch die Verfeuerung von Kohle sind 8,2 Milliarden Tonnen und durch Erdgas 3,3 Milliarden Tonnen CO$_2$ freigesetzt worden. Die Enquete Kommission schätzt den Fehler dieser Angaben auf etwa 10%.[80] Hinzu kommen die Emissionen durch die Vernichtung der Regenwälder.

Von den 20,5 Mrd. t CO$_2$ entfielen 28% allein auf die USA, gefolgt von den osteuropäischen Staaten mit rund 22% und Westeuropa mit rund 15%. 13% der weltweiten CO$_2$-Abgaben kamen aus der Volksrepublik China und etwa gleich viel aus den übrigen Staaten der Dritten Welt.[79]

Die CO$_2$-Abgaben aus der veränderten Landnutzung durch den Menschen sind bisher nur sehr ungenau ermittelt worden. Die Enquete Kommission schätzt, daß durch veränderte Landnutzung weltweit jährlich 3,7 Milliarden Tonnen CO$_2$ freigesetzt werden. Der Fehler dieser Schätzung beträgt allerdings 60%.[80]

Zur veränderten Landnutzung zählt vor allem die Zerstörung der tropischen Regenwälder, aber auch die intensive Bodenbearbeitung in der Landwirtschaft. Bei der Brandrodung wird nur ein Teil des Kohlendioxids direkt freigesetzt, der Rest wird bei der Zersetzung z.B. der übrigbleibenden Baumwurzeln durch Bakterien innerhalb von vielen Jahren abgegeben.

Daneben muß berücksichtigt werden, daß außer den eigentlichen CO$_2$-Abgaben auch die verringerte CO$_2$-Aufnahme durch die Pflanzen eine Rolle spielt. Z.B. wird in den Industriestaaten durch das Waldsterben weniger CO$_2$ gebunden. Bis heute ist allerdings nicht bekannt, wieviel Kohlendioxid hierdurch zusätzlich in der Atmosphäre verbleibt.[81]

Auch Atomenergie erzeugt CO_2

Stromerzeugung ist das größte Übel[1]

Aufteilung der CO_2-Emissionen nach Verbrauchergruppen in der BRD

1980 bis 1985

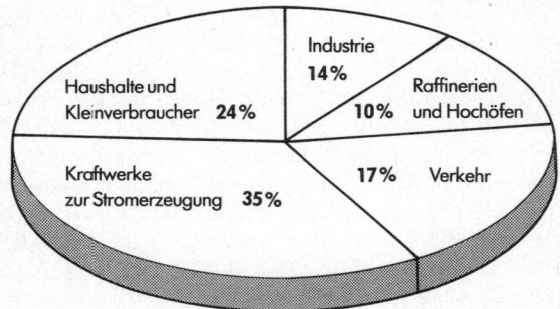

Industrie 14%

Raffinerien und Hochöfen 10%

Haushalte und Kleinverbraucher 24%

Verkehr 17%

Kraftwerke zur Stromerzeugung 35%

Sonnenenergie verursacht am wenigsten CO_2[2]

CO_2-Emissionen von verschiedenen Energienutzungs-Systemen

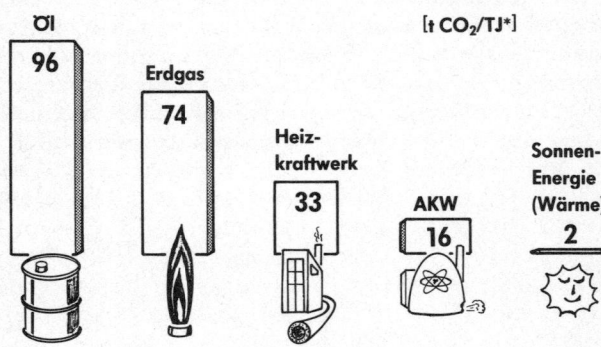

Öl 96

Erdgas 74

Heiz-kraftwerk 33

AKW 16

Sonnen-Energie (Wärme) 2

[t CO_2/TJ*]

*Nutzenergie in TJ; 1 TJ = 10^{12} Joule

Gaber/Natsch: Gute Argumente: Klima © Verlag C. H. Beck, München 1989

In der Bundesrepublik wurden in den Jahren 1980 bis 1985 durchschnittlich 743 Mio t CO_2 pro Jahr abgegeben, das ist mehr als auf dem gesamten afrikanischen Kontinent. Über ein Drittel des Kohlendioxids stammt aus den bundesdeutschen Kraftwerken, gefolgt von den Haushalten und Kleinverbrauchern mit rund 24%. Etwa 17% des Kohlendioxids entfallen auf den Verkehr, wobei Autos im Vergleich zur Eisenbahn wesentlich mehr CO_2 freisetzen.[82] Die Industrie sowie die Raffinerien und Hochöfen haben einen Anteil von 14% bzw. 10%.

Wieviel Kohlendioxid von einem Energiesystem freigesetzt wird, hängt sehr stark von der Wahl des Brennstoffs ab. Erdgas z.B. liefert, bezogen auf die bei der Verbrennung gewonnene Wärme, wegen des hohen Gehaltes an Wasserstoff nur etwa halb soviel CO_2 wie Kohle. Für eine Gesamtbewertung der CO_2-Situation müssen weitere Aspekte berücksichtigt werden. Neben der Wahl des Brennstoffs muß der Wirkungsgrad bei der Verbrennung, der Energieaufwand für Gebäude und Maschinen bzw. bei der Brennstoffgewinnung und anderes berücksichtigt werden. Eine rationellere Energienutzung beispielsweise durch Blockheizkraftwerke, in denen Strom und Wärme gleichzeitig erzeugt werden, verringert die CO_2-Abgaben.

Ein Vergleich verschiedener Energienutzungssysteme zeigt, daß die Ölheizung mit 96 kg Kohlendioxid pro Gigajoule (GJ) Nutzenergie ein besonders großer CO_2-Emittent ist und eine Gasheizung mit 74 kg/GJ fast gleich viel abgibt. Hierbei werden moderne Niedertemperatursysteme mit einem Wirkungsgrad von 85% (incl. Verteilung) angenommen. Ein Steinkohle-Heizkraftwerk emittiert nur etwa 33 kg CO_2/GJ, wenn berücksichtigt wird, daß dadurch Strom aus einem zentralen Steinkohle-Großkraftwerk (Mittellaststrom) ersetzt wird. Obwohl in einem Atomkraftwerk fast keine fossilen Brennstoffe eingesetzt werden, entstehen trotzdem etwa 16 kg CO_2/GJ Nutzenergie. Diese Kohlendioxidabgaben entstehen z.B. bei der Urangewinnung, bei den zahlreichen Transporten des Brennstoffs, vor allem bei der Urananreicherung (Diffusionsverfahren), beim Bau des Kraftwerks sowie bei der Entsorgung usw. Solare Brauchwasseranlagen verursachen mit 2 kg CO_2/GJ die mit Abstand geringsten Abgaben unter den betrachteten Umwandlungstechniken.[83]

Methan hat viele Quellen

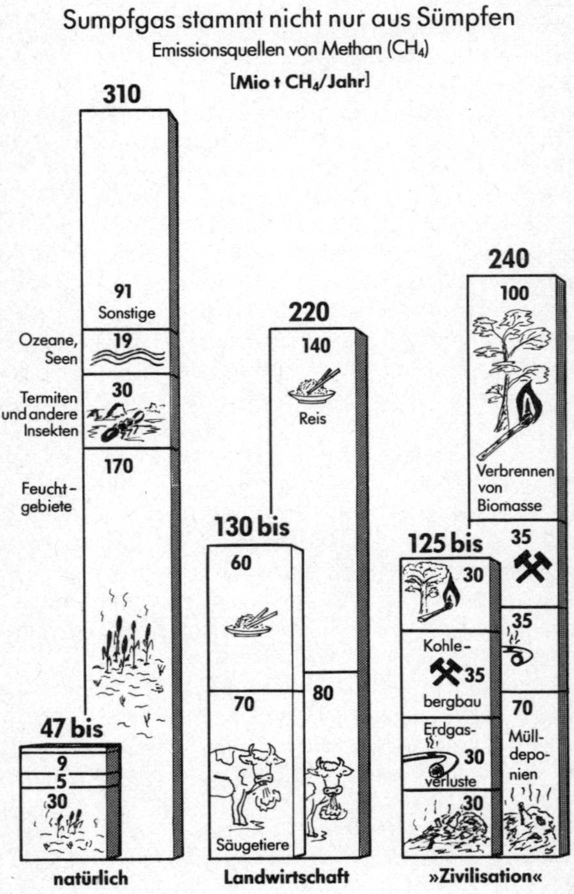

Sumpfgas stammt nicht nur aus Sümpfen
Emissionsquellen von Methan (CH₄)

[Mio t CH₄/Jahr]

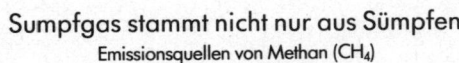

310

91
Sonstige

Ozeane, Seen   **19**

Termiten und andere Insekten   **30**

170

Feucht-gebiete

47 bis

9
5
30

natürlich

220

140

Reis

130 bis

60

70

80

Säugetiere

Landwirtschaft

240

100

Verbrennen von Biomasse

125 bis   **35**

30

Kohle-bergbau   35   **35**

Erdgas-verluste   30   **70**

Müll-depo-nien

30

»Zivilisation«

Gaber/Nietsch. Gute Argumente: Klima © Verlag C. H. Beck, München 1989

Etwa ein Fünftel des Treibhauseffektes wird schon heute durch Methan hervorgerufen. Betrug dessen Konzentration um 1700 noch etwa 0,7 ppm, so ist diese gegenwärtig mit etwa 1,7 ppm mehr als doppelt so hoch.[84] Da die Methankonzentration in der Atmosphäre mit ca. 1% pro Jahr etwa doppelt so schnell ansteigt wie CO_2, gewinnt Methan als Treibhausgas zunehmend an Bedeutung. Außerdem wird sowohl die Chemie der Troposphäre als auch der Stratosphäre sehr stark durch Methan beeinflußt.

Die zahlreichen Methanquellen lassen sich in drei Hauptbereiche einteilen.[85] Der erste Bereich umfaßt die natürlichen Methanquellen. Dies sind Sümpfe, Seen, Tundra, Wald- und Marschgebiete, aber auch Termiten und andere Insekten. Diese Quellen hat es schon in vorindustrieller Zeit gegeben. Sie erhöhen die Methanabgabe nur dann, wenn sich die Landschaft oder die Verbreitung von Insekten verändert: Termiten z.B. können sich in abgeholzten Regenwäldern sehr stark vermehren, wodurch mehr Methan produziert wird.

Methan entsteht ebenfalls in den Mägen von Säugetieren und durch Vergärung von Biomasse in Reisfeldern. Da der Reisanbau in der Dritten Welt weiter ausgedehnt werden wird, muß mit immer mehr Methan aus Reisfeldern gerechnet werden. Etwa die gleiche Menge Methan wie in den Reisfeldern entsteht in den Mägen von Wiederkäuern. Dies sind vor allem die weltweit etwa 1,3 Mrd. Rinder, von denen jedes täglich etwa 200 Liter Methan freisetzt. Die Fleischkonsumenten in Europa und Nordamerika sind pro Kopf für eine größere Methanfreisetzung verantwortlich als die Menschen in der Dritten Welt, die sich mit Reis zufrieden geben müssen!

Der dritte Hauptbereich bei den Methanquellen ist hauptsächlich durch die Lebensweise in den Industrieländern bestimmt: Mülldeponien, Kohlebergwerke, Lecks in Erdgasleitungen und das Verbrennen von Biomasse stellen zusammen eine etwa gleich große Methanquelle dar wie die natürlichen Quellen oder der Reisanbau und die Wiederkäuer.

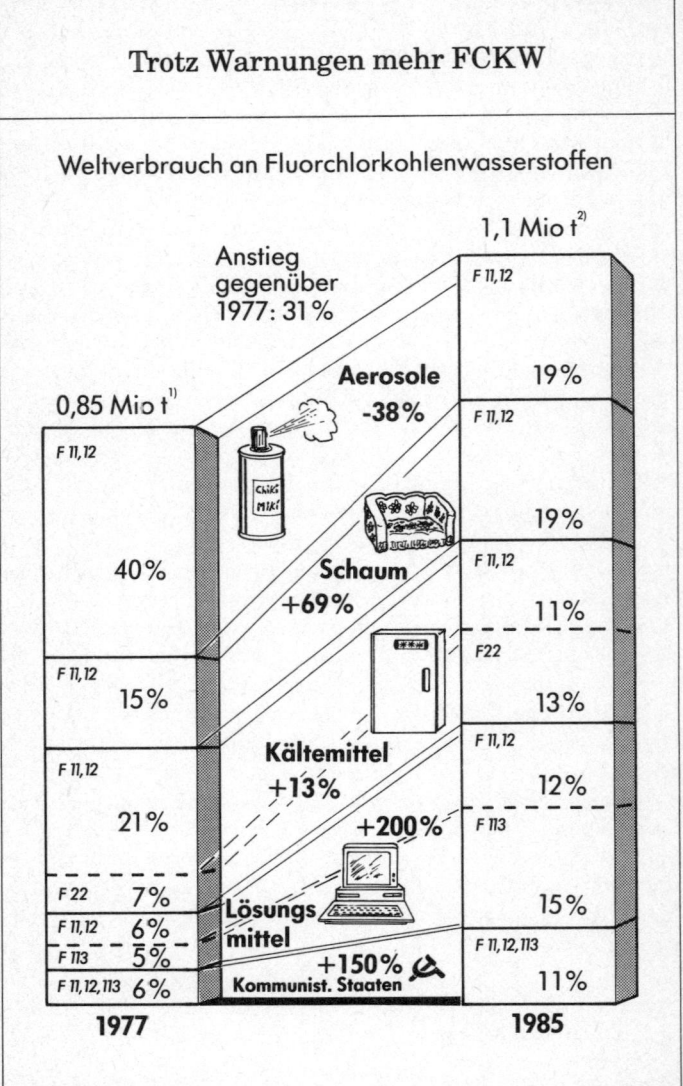

Trotz Warnungen mehr FCKW

Weltverbrauch an Fluorchlorkohlenwasserstoffen

1,1 Mio t [2]

Anstieg gegenüber 1977: 31%

Aerosole **-38%**

0,85 Mio t [1]

F 11,12 — 40%

F 11,12 — 19%
F 11,12 — 19%

Schaum **+69%**

F 11,12 — 15%

F 11,12 — 11%
F22 — 13%

F 11,12 — 21%

Kältemittel **+13%**

F 11,12 — 12%
F 113 — 15%

+200%

F 22 — 7%
F 11,12 — 6%
F 113 — 5%
F 11,12,113 — 6%

Lösungsmittel

+150%
Kommunist. Staaten

F 11,12,113 — 11%

1977   **1985**

Graber/Natsch. Gute Argumente: Klima © Verlag C.H. Beck, München 1989

Quelle: 1) Kali Chemie 1988 2) Rand 1986

Um 1900 wurden die Fluorchlorkohlenwasserstoffe (FCKW) erstmals im Labor und seit 1930 industriell für die Verwendung als Kältemittel hergestellt. Später folgte die Anwendung als Treibmittel für Sprays, für die Kunststoffverschäumung und neuerdings zur Reinigung von Kunststoffen, Metallen und elektrotechnischen Bauteilen.

Bis zum 2. Weltkrieg wurden nur die FCKW-Typen F-11 und 12 hergestellt. Im Rahmen des Manhattan-Projektes, das die Herstellung von Atombomben zum Ziel hatte, wurden temperaturbeständige, chemisch stabile Kunststoffe z.B. zur Abdichtung gesucht. Hierbei wurde das als Teflon bekannte Polytetrafluorethan (PTFE) entwickelt. Der Ausgangsstoff für die PTFE-Herstellung ist der FCKW-Typ 22, der heute zu etwa 30% für die Teflonherstellung gebraucht wird.[86, 87] F 22 wird immer mehr als Kältemittel für große Kälteanlagen eingesetzt und wird von der Industrie als Ersatzstoff für andere FCKW diskutiert (siehe D 8). Seit etwa 1960 gibt es mit F 113 einen weiteren wichtigen FCKW-Typ, der als Lösungsmittel andere FCKW zu überflügeln beginnt.

Weltweit hat sich die Anwendung immer mehr von den Spraydosen in andere Gebiete verlagert. Aufgerüttelt durch die Ergebnisse verschiedener Forscher beschlossen die USA 1978 als größter Verbraucher ein Verbot für die Verwendung von FCKW in Spraydosen. Etwa ein Viertel der hierdurch vermiedenen FCKW ist jedoch in andere Anwendungsbereiche geflossen.[88]

Insgesamt gibt es einen deutlichen Trend bei der FCKW-Anwendung: Weg von der Spraydose, hin zu den Schaumstoffen und Lösungsmitteln. Der Kältemittelverbrauch ist insgesamt etwa gleichgeblieben. Mit anderen Worten: Der FCKW-Verbrauch hat sich in fast allen Ländern von der privaten zur industriellen Anwendung verlagert.

Dem um 1980 erfolgten Rückgang im FCKW-Verbrauch z.B. durch Sprayanwendungsverbote in den USA und Kanada wurde leider in anderen Bereichen entgegengewirkt. Der Gesamtverbrauch an FCKW hat sich in den letzten 10 Jahren sogar um ein Drittel erhöht.[89] Hier zeigt sich deutlich, wie rücksichtslos profitorientiert die Chemische Industrie handelt, denn die ozonschädigende Wirkung der FCKW ist dieser Branche längst bekannt.

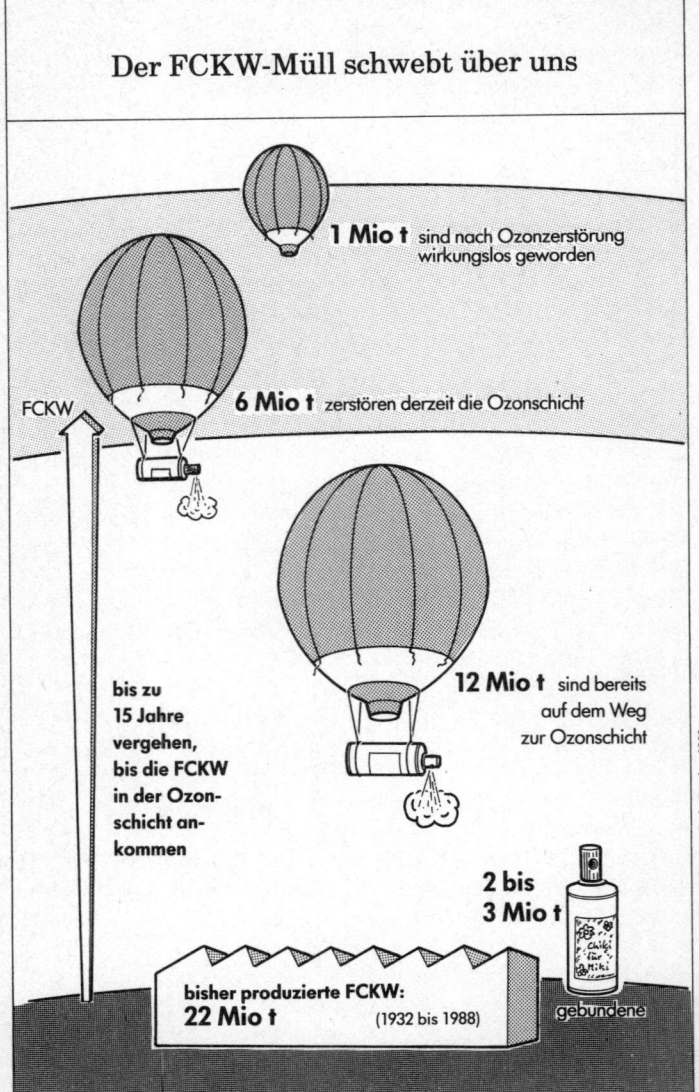

Der FCKW-Müll schwebt über uns

1 Mio t sind nach Ozonzerstörung wirkungslos geworden

6 Mio t zerstören derzeit die Ozonschicht

FCKW

12 Mio t sind bereits auf dem Weg zur Ozonschicht

bis zu 15 Jahre vergehen, bis die FCKW in der Ozonschicht ankommen

2 bis 3 Mio t

bisher produzierte FCKW: **22 Mio t** (1932 bis 1988)

gebundene

Gaber / Nietsch. Gute Argumente: Klima © Verlag C. H. Beck, München 1989

Derzeit steigen die Konzentrationen an Fluorchlorkohlenwasser-stoffen (FCKW) in der Atmosphäre um etwa 5% jährlich an und somit auch der ozonschädigende Chlorgehalt in der Stratosphä-re.[90, 91] Verschiedene Untersuchungen zeigen, daß 85% des F 11 und über 90% des F 12-Typs der FCKW noch im Jahr ihrer Her-stellung in die Atmosphäre gelangen – der FCKW-Müll schwebt also über uns.

Auch ein sofortiger FCKW-Stop würde keine direkte Erholung für die Ozonschicht bedeuten, da die FCKW etwa 15 Jahre benöti-gen, um dorthin zu gelangen. Daher wird die Ozonzerstörung in jedem Fall weiter zunehmen – und dies um so mehr, je später Maßnahmen ergriffen werden.[92] Eine Abschätzung der bisherigen Produktions- und Emissionsmengen belegt eindrucksvoll diese Tatsache:

Seit Aufnahme der Produktion sind etwa 22 Mio Tonnen an FCKW 11, 12, 113 u. 22 hergestellt worden. Davon sind erst 7 Mio t FCKW in die Ozonschicht gelangt, wovon nach eigenen Berechnungen bisher nur etwa eine Tonne abgebaut worden ist. Weitere 12 Mio t FCKW sind noch auf dem Weg zur Ozonschicht. Diese Menge hätte vermieden werden können, wenn die Mensch-heit 1974 sofort auf die Warnungen der Wissenschaftler Rowland and Molina vor einem möglichen Ozonabbau durch FCKW gehört hätte.

Es verbleibt eine „Altlast" von 2 bis 3 Mio t auf der Erde, die in Schäumen, Autoklimaanlagen usw. enthalten sind. Auf diese Men-ge haben wir noch Einfluß und können (?) sie beseitigen. Es wird geschätzt, daß etwa 1 Mio t FCKW in den Polyuretanschäumen enthalten sind – meist als Isolier- und Konstruktionsmaterial (siehe F 6). Des weiteren sind rund 0,3 Mio t in Kühlmöbeln (Kältemittel und Schäume)[93] und schätzungsweise 0,5 Mio t in den Autokli-maanlagen (meist USA) eingeschlossen.[94] Der Rest verbleibt in nicht verbrauchten Spraydosen, nicht vollständig ausgegasten Schäumen, Haushaltskühlmöbeln usw.

Wichtiger als die Beseitigung dieser Altlasten ist, daß keine wei-teren Ozonfresser hergestellt und verbraucht werden (siehe E 4).

»Vergessene« Klimagifte

Die Hälfte des atmosphärischen Chlors wurde im Montrealer Abkommen nicht berücksichtigt

hausgemachtes Chlor in der Atmosphäre: 2,5 ppb = 100%

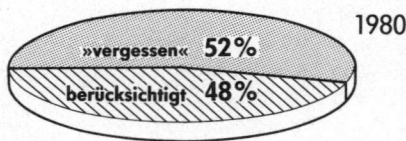

1980

»vergessen« **52%**

berücksichtigt **48%**

Chlorbeitrag einzelner Stoffe

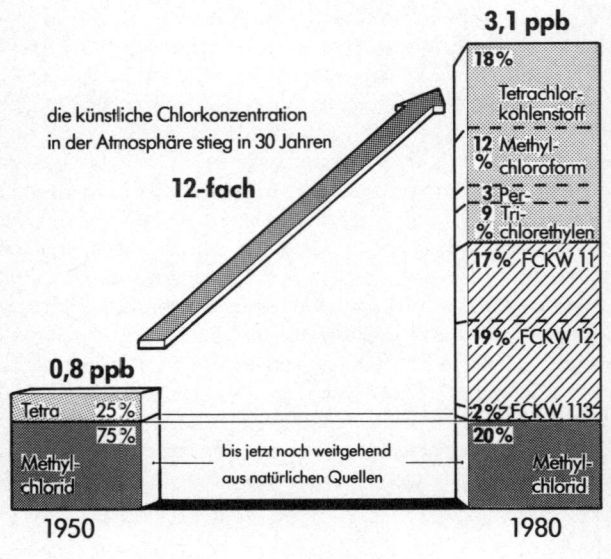

3,1 ppb

18% Tetrachlor-kohlenstoff

12 % Methyl-chloroform

3 Per-

9 % Tri-chlorethylen

17% FCKW 11

19% FCKW 12

2% FCKW 113

20% Methyl-chlorid

die künstliche Chlorkonzentration in der Atmosphäre stieg in 30 Jahren

12-fach

0,8 ppb

Tetra 25%

75%

Methyl-chlorid

bis jetzt noch weitgehend aus natürlichen Quellen

1950   1980

Gaber/Natsch. Gute Argumente: Klima © Verlag C. H. Beck, München 1989

Quelle: Fabian 1985

Im Montrealer Protokoll wurden wesentliche ozonzerstörende und den Treibhauseffekt verstärkende Verbindungen „vergessen". Diese Stoffe, die 1980 noch mehr als die Hälfte der künstlichen, organisch gebundenen Chloratome in der Atmosphäre ausmachten, werden von Vertretern der Chemieindustrie und ihrer Lobby gern verharmlost. Würde auf diese Klimagifte verzichtet, so würde eine weitere rentable „Entsorgung" von Chlorabfällen in der Chemieindustrie entfallen. Beachtenswert unter den Nicht-FCKW (siehe D 8) sind Tetrachlorkohlenstoff, der 18% des Chlorgehaltes ausmacht, Methylchloroform mit 12%, Per- und Trichlorethylen mit 4% und andere Chlorderivate wie CH_2Cl_2 und $CHCl_3$ mit 5% (Stand 1980).[95]

Eines der ältesten chlorhaltigen Lösungsmittel ist der seit Beginn des Jahrhunderts verwendete Tetrachlorkohlenstoff. Um 1950 erreichte Tetra mit etwa 100 000 t seine höchste Emissionsrate, die seither in etwa gleich geblieben ist. Wegen seiner krebserregenden Wirkung wird Tetra nur noch vereinzelt als Lösungsmittel verwendet. Seit 1950 ist Tetra der Ausgangsstoff zur Herstellung der FCKW 11 und 12. In den USA werden zwischen 84 und 95% zur FCKW-Herstellung verbraucht, wobei Schätzungen zufolge 3% verloren gehen. Die Produktionsmenge von rund 1 Mio t/a liegt somit ganz erheblich über den Emissionen von rund 0,07 Mio t/a (1985). Der Atmosphäre unvergessen geblieben sind die jahrzehntelangen Emissionen; immerhin stellt dieser erste Ozonfresser der Menschheit einen gleich großen Chloreintrag dar wie die FCKW 11 bzw. 12.

Seit 1950 wird Methylchloroform z.B. für die Elektroindustrie als Lösungsmittel für die Oberflächenreinigung verbraucht. Dabei entweicht der Löwenanteil dieser Stoffe. Die Emissionsmenge wurde 1985 auf 470 000 t geschätzt (bei einer Produktion von 545 000 bis 640 000 t). Allein die USA verbrauchen davon 270 000 t, also 40 bis 50% des Weltverbrauchs. Mit einer atmosphärischen Lebensdauer von 5 bis 10 Jahren stellt Methylchloroform heute neben H-FCKW 22 das wichtigste „vergessene" Klimagift dar. Die atmosphärische Konzentration von Methylchloroform (derzeit 120 bis 140 ppt) steigt jährlich um 7 bis 10% weiter an. Dem gilt es umgehend entgegenzuwirken.[96, 97]

»Ersatzstoff« F 22 ist kein Ersatz

Die Konzentration von FCKW 22 nimmt am stärksten zu[1]

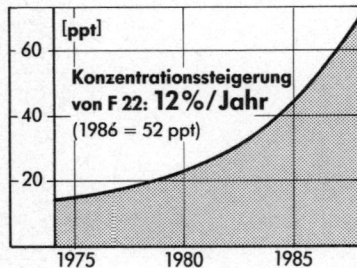

Konzentrationssteigerung von F 22: 12%/Jahr
(1986 = 52 ppt)

F 22 - der Renner:
jährlicher Konzentrationsanstieg
bei verschiedenen FCKW:
F 22: 12%
F 113: 10%
F 12: 6%
F 11: 6%

FCKW 22 - der Gipfelstürmer[2]

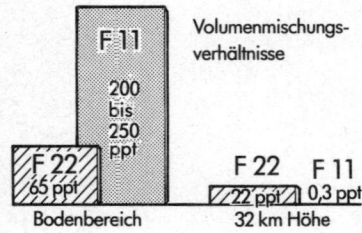

Volumenmischungs-verhältnisse

FCKW 22 dringt in große Höhen vor und hat ab 32 km die höchste Konzentration von allen FCKW

Die Industrie stellt FCKW 22 einseitig dar[3]

Hoechst - Stellungnahme:	**»vergessen«** wird:
»H - FCKW 22 ist keine Substanz, welche die Ozonschicht schädigt« »...ODP = 0,05«	● Treibhauswirkung ● mögl. Ozonabbau in großen Höhen ● Lebensdauer und somit ODP-Wert ggf. größer als angenommen

Gaber/Matsch. Gute Argumente: Klima © Verlag C. H. Beck, München 1989

Da in der Chemischen Industrie Natronlauge ein Mangelprodukt darstellt, wurde bisher der Reststoff Chlor zu einem großen Teil zur Herstellung von FCKW verwendet. Wenn diese klimaverändernden Stoffe verboten werden, fehlt der Chemie diese einträgliche „Entsorgungsform". Daher wird von dieser Industrie kein grundsätzlicher Verzicht auf diese gefährlichen Stoffe angestrebt, sondern sofort ein sog. Ersatzstoff angeboten – das F 22. Ein Vertreter der Fa. Hoechst bezeichnete diesen „Ersatzstoff" vorschnell bei einer Tagung im Frühjahr 1988 als „nicht ozonschädigend". Was stimmt an dieser Behauptung?

Wesentliche Gesichtspunkte wurden hier ignoriert. In jedem neueren Fachartikel über F 22 steht, daß dieser Stoff immerhin 5–8% der Wirkung des üblichen ozonfressenden F 11 hat. Diese Betrachtung hinkt aber noch, weil dieser Vergleich anhand des sog. „ODP-Wertes" (Ozon Depleting Potential) entsteht, wobei F 11 und 12 einen ODP-Wert von 1 haben. Der ODP-Wert von F 22 mit 0,05 bis 0,08 setzt sich im wesentlichen aus folgenden Bewertungskriterien zusammen: Zahl der Chloratome, Molmasse, atmosphärische Lebensdauer und einem Korrekturfaktor, der aus einem Simulationsmodell errechnet wird. Da nur die beiden ersten Faktoren feststehen, sind noch große Unsicherheiten vorhanden. Das Öko-Institut schätzt z.B. für F 22 eine Lebensdauer von 30 ± 10 Jahren.[98] Bisher wurden in Fachartikeln 16 bis 22 Jahre genannt. Diese Angaben beziffern somit eher eine untere Grenze.

Der ODP-Wert ist ein über die gesamte Höhe der Atmosphäre gemittelter Wert. Weggemittelt wird die ozonfressende Wirkung von F 22 in unterschiedlichen Höhen. Die Konzentration von F 22 wird mit der Höhe gegenüber anderen FCKW immer gewichtiger. Schon heute hat F 22 oberhalb von 32 km die höchste Konzentration aller FCKW und ist dort rund 75mal häufiger als F 11.

Außerdem betrachtet Hoechst lediglich den Einfluß von F 22 auf das Ozon. Nicht betrachtet wird die ganz erhebliche Treibhauswirkung der FCKW. F 22 ist zwar im Vergleich zu herkömmlichen FCKW-Typen ein weniger aktives Treibhausgas, aber seine Wirkung ist mindestens 1500mal größer als die von Kohlendioxid. F 22 ist allein deshalb kein Ersatzstoff.

Worüber die Atmosphäre nicht lachen kann

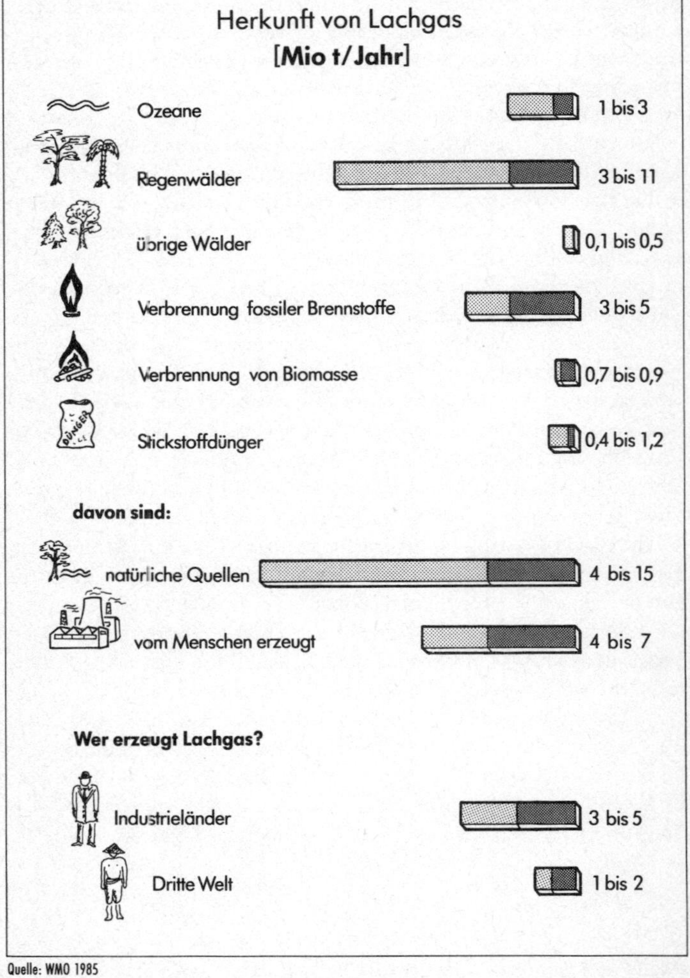

Herkunft von Lachgas
[Mio t/Jahr]

Ozeane		1 bis 3
Regenwälder		3 bis 11
übrige Wälder		0,1 bis 0,5
Verbrennung fossiler Brennstoffe		3 bis 5
Verbrennung von Biomasse		0,7 bis 0,9
Stickstoffdünger		0,4 bis 1,2

davon sind:

natürliche Quellen		4 bis 15
vom Menschen erzeugt		4 bis 7

Wer erzeugt Lachgas?

Industrieländer		3 bis 5
Dritte Welt		1 bis 2

Quelle: WMO 1985

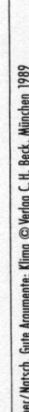

Gober/Natsch. Gute Argumente: Klima © Verlag C. H. Beck, München 1989

Jedes Jahr werden auf der Erde 8 bis 20 Mio t Lachgas (N_2O) in die Atmosphäre abgegeben.[99] Dieses wird in der Stratosphäre in Stikkoxide (NO_x) umgesetzt, die für 70% des natürlichen chemischen Ozonabbaus verantwortlich sind. Ein großer Anteil des Lachgases stammt aus natürlichen Quellen, doch haben die von Menschen hervorgerufenen Emissionen bei der Verbrennung von Kohle, Erdöl und Erdgas und in der Intensivlandwirtschaft zu einem Anstieg von 280 ppb (1700) auf heute schon 310 ppb geführt.[100] Dieser Anstieg entspricht einem Anteil von etwa einem Fünftel am derzeitigen Ozonabbau und etwa 4% am Treibhauseffekt. Bei einer mittleren atmosphärischen Lebensdauer von etwa 150 Jahren ist die jährliche Zuwachsrate 0,25% – d.h., in den nächsten 40 Jahren steigt die Lachgaskonzentration genauso wie in den letzten 300 Jahren.

Eine Unterscheidung der Lachgas-Quellen in „natürlich" und „von Menschen hervorgerufen" ist schwierig. Werden die Emissionen der Ozeane und der Waldgebiete als „natürlich" und die Emissionen aus der Verbrennung und der Intensivlandwirtschaft als „von Menschen hervorgerufen" bezeichnet, so entfallen auf menschliche Aktivitäten 30 bis 50%.

Stickstoffdünger wird vor allem in der intensivierten Landwirtschaft der Industrieländer eingesetzt. Die Länder der Dritten Welt versuchen immer mehr, ihre Ernährungsprobleme über den verstärkten Einsatz von Stickstoffdünger zu lösen. Dadurch entwickkelt sich leider auch dort eine wachsende Lachgasquelle.

Gegenwärtig wird das künstliche Lachgas vor allem durch den verschwenderischen Lebensstil in den Industrieländern verursacht. Obwohl in den Ländern der Dritten Welt 75% der Menschen leben, liegt deren Anteil am Weltenergieverbrauch bei lediglich 20%. Demnach stammen etwa 80% der Lachgas-Emissionen aus der Verbrennung fossiler Brennstoffe von den Industrieländern.

Der Traum vom Fliegen -
ein Alptraum für das Klima

Ozonabbau durch Flugzeuge im Modell[1]

Berechnete Ozonänderung durch Abgabe von 2,6 Mio t NO_x in 17 km Höhe

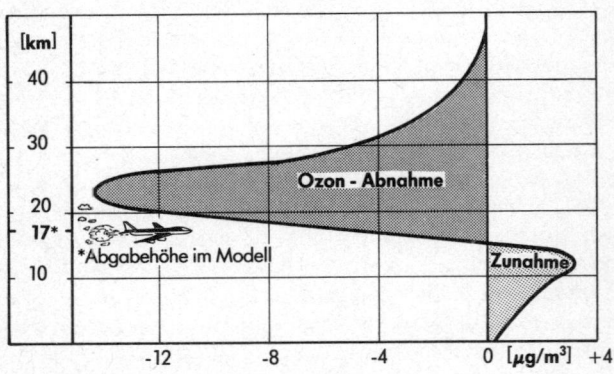

●Abgabemenge 1986 in über 10 km Höhe: *0,6 Mio t* [2]

Moderne Flugzeuge emittieren mehr Stickoxide[3]

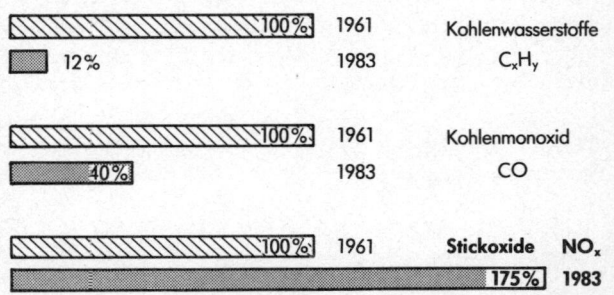

Quelle: 1) Wayne 1985 2) Rudlof 1989 3) Pfeiffer/Fischer 1989

Gober/Matsch. Gute Argumente: Klima © Verlag C. H. Beck, München 1989

Jedes Jahr gehen in der Bundesrepublik 3 bis 4 Mio. Flugzeuge in die Luft – ein Viertel davon sind militärische Flüge. Damit ist die BRD das Land mit dem dichtesten Flugverkehr auf der Erde. In den letzten 20 Jahren hat sich die zivile Verkehrsleistung fast verdreifacht und der Frachtverkehr fast vervierfacht. Bis zum Jahr 2000 wird mit einer Verdoppelung der Zivilluftfahrt und mit einer Verdreifachung des Frachtverkehrs gerechnet.

Noch liegen die Flugzeugemissionen weltweit bei „nur" etwa 1,3%. Diese „geringen Mengen" lassen sich keineswegs unter den Umweltteppich kehren, denn in der Umgebung von Flugplätzen und großen Flughöhen entstehen große Probleme.

Der Frankfurter Flughafen beispielsweise gilt zusammen mit der benachbarten Autobahn als ein Emissionsschwerpunkt der BRD und verschlechtert ganz erheblich die ohnehin schlechte Großstadtluft Frankfurts.

Um schnelleres und ruhigeres Fliegen zu ermöglichen und Treibstoff zu sparen, wird immer häufiger über große Strecken oberhalb der ersten Temperaturgrenzschicht, der Tropopause (BRD: ca. 10 km Höhe) geflogen. Wasser und Stickoxide aus den Triebwerken der Flugzeuge verursachen dort zunehmend Klimaprobleme.[101]

Wasser aus Flugzeugtriebwerken erzeugt in der Stratosphäre und der oberen Troposphäre zusätzliche Eiswolken in Form von Kondensstreifen. Eine weltweite Erhöhung des Bedeckungsgrades durch Eiswolken um nur 2% würde nach Schätzungen der NASA die Temperatur an der Erdoberfläche um 1 °C ansteigen lassen. Wie groß bisher der Anteil der Wolken und die Erwärmung der Erde durch den Flugverkehr ist, weiß niemand, doch stellt diese Modellrechnung eine deutliche Warnung dar.

Außerdem beeinflussen Wasserdampf und Stickoxide die chemischen Reaktionen in der Atmosphäre. Die Stickoxide der Flugzeuge führen unterhalb von etwa 15 km zu einer Ozonzunahme – oberhalb wird Ozon abgebaut. Wieviel Ozon entsteht bzw. vernichtet wird, muß dringend näher untersucht werden. Ozonumverteilungen können über Temperaturänderungen möglicherweise das Wetter beeinflussen.

Aufgrund der hier genannten Gefahren sollte der regionale Flugverkehr umgehend auf die Schiene verlagert und Flüge in der Stratosphäre wie z. B. Polflüge unterlassen werden.

Der Verkehr - Luftverschmutzer Nr. 1

Der Dreck eines Jahres würde uns erschlagen

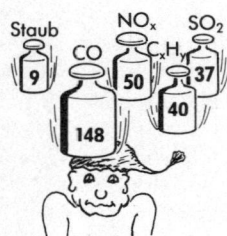

[kg/Jahr]

Gesamte Schadstoff-
abgabe an die Luft
pro Kopf der Bevölkerung
in der BRD 1986

Der Verkehr ruiniert die Atmosphäre
Anteil des Verkehrs am Schadstoffausstoß in der BRD 1986

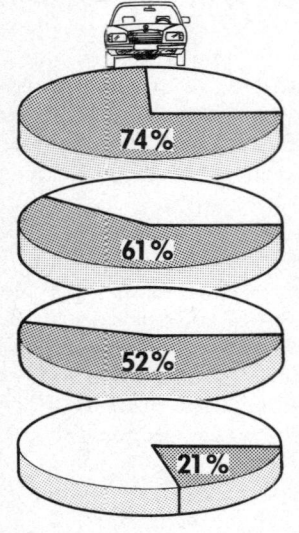

Kohlenmonoxid CO
6,6 Mio t

Stickoxide NO_x
1,8 Mio t

Kohlenwasserstoffe C_xH_y
1,2 Mio t

Kohlendioxid CO_2
140 Mio t

Quelle: Bundesminister für Verkehr 1988/ IFEU 1988

In der Bundesrepublik wurden 1986 pro Kopf der Bevölkerung 148 kg Kohlenmonoxid, 50 kg Stickoxide, 37 kg Schwefeldioxid, 40 kg Kohlenwasserstoffe und 9 kg Staub in die Luft geblasen. Während die Kohlenmonoxid- und Staubemissionen in den letzten 20 Jahren stark abgenommen haben, nahmen die Stickoxidemissionen deutlich zu.[102]

Die größte Quelle für Schwefeldioxid waren 1986 mit 60,8% die Kraftwerke und Fernheizwerke, die außerdem 24,6% der Stickoxide und 15,3% des Staubes produzierten. Hier sind Entschwefelungsanlagen und verbesserte Staubfilter schon vielfach im Einsatz, und die Entstickung soll folgen. Kohlenmonoxid und organische Verbindungen werden durch Kraftwerke kaum emittiert.

Die Industrie hat an den einzelnen Luftschadstoffen einen sehr unterschiedlichen Anteil: Sie ist mit 62,7% der größte Staubemittent. 17,8% des Schwefeldioxids, 14,9% des Kohlenmonoxids, 7,9% der Stickoxide stammten 1986 aus der Industrie. Hinzu kommen 5,9% der organischen Verbindungen und der größte Anteil aller emittierten Lösungsmittel, die 1986 insgesamt 38,3% aller organischen Stoffe ausgemacht haben.

Die Haushalte, die 1966 noch mehr als ein Viertel der Kohlenmonoxidemissionen verursachten, konnten ihren Anteil drastisch reduzieren: 1986 waren es nur noch 9,1%, obwohl gleichzeitig die Gesamtemissionen deutlich zurückgegangen sind. Effektivere Öl- oder Gasheizungen haben die schmutzigen Kohleöfen verdrängt, was sich auch bei den anderen Schadstoffen zeigt: Lediglich 6,1% des Schwefeldioxids, 6,5% des Staubes, 3,1% der Stickoxide und 3% der organischen Verbindungen kamen 1986 von den Haushalten.

Der mit Abstand größte Luftverschmutzer ist der Verkehr! Nur der Anteil von 4,8% am Schwefeldioxid und 13% am Staub ist relativ unbedeutend. Doch 73,7% des Kohlenmonoxides, 60,8% der Stickoxide und 51,6% der organischen Verbindungen haben ihren Ursprung in diesem Sektor. 1986 wurden etwa doppelt soviel Stickoxide und 60% mehr organische Verbindungen durch Fahrzeuge ausgestoßen wie 20 Jahre zuvor.

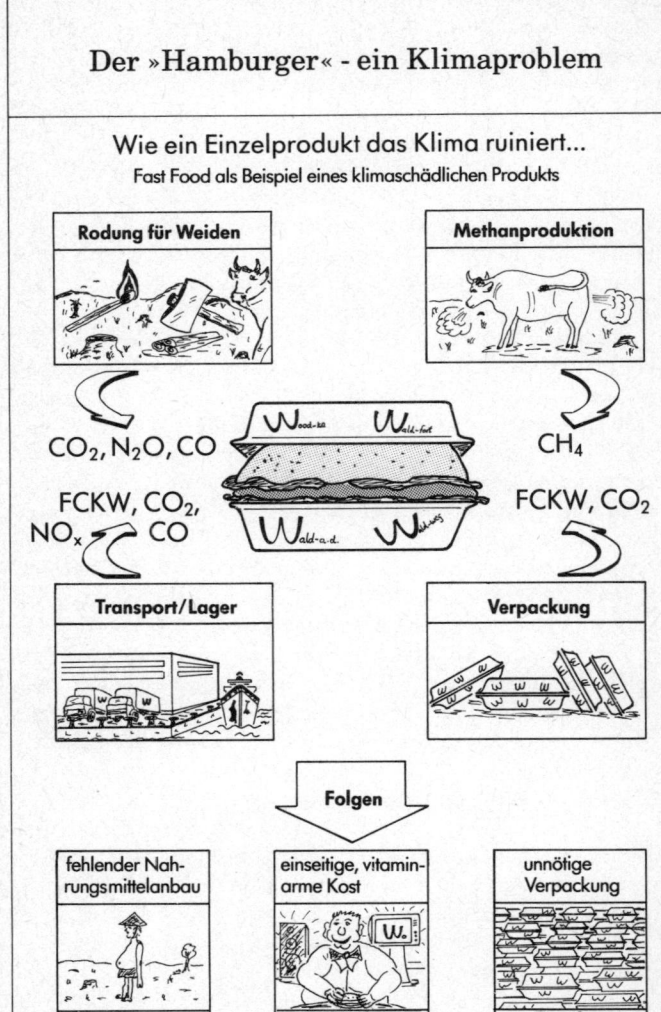

Der »Hamburger« – ein Klimaproblem

Wie ein Einzelprodukt das Klima ruiniert...
Fast Food als Beispiel eines klimaschädlichen Produkts

Rodung für Weiden

Methanproduktion

CO_2, N_2O, CO

CH_4

FCKW, CO_2,
NO_x CO

FCKW, CO_2

Transport/Lager

Verpackung

Folgen

fehlender Nahrungsmittelanbau

Hunger

einseitige, vitaminarme Kost

schlechte Ernährung

unnötige Verpackung

Zunahme des Mülls

Gaber/Natsch. Gute Argumente: Klima © Verlag C.H. Beck, München 1989

Die Anbieter von Hamburgern und anderen Fast Food-Produkten erfreuen sich nicht nur guter Geschäfte, sondern bauen ihren Markt beständig aus. So erzielte der Branchenführer McDonald's 1986 allein in der BRD einen Nettoumsatz von fast 700 Mio DM, und der schärfste Konkurrent Burger King konnte im gleichen Jahr seinen Umsatz gegenüber 1984 mehr als verdoppeln.[103] Besonders bei Hamburgern heißt Fast food nicht nur schneller essen, auch das Klima wird durch sie zunehmend ungemütlich.

In Lateinamerika sind Großviehzüchter für das Niederbrennen von jährlich mindestens 20 000 km² tropischen Regenwaldes verantwortlich,[104] dies entspricht etwa der Fläche von Rheinland-Pfalz. Hierbei werden größenordnungsmäßig 100 Mio t CO_2 und andere Treibhausgase freigesetzt. Zusätzlich entweichen aus den Mägen der auf den Rodungsflächen weidenden Rinder erhebliche Mengen Methan. Das so produzierte Fleisch verringert nicht die Not der in der Dritten Welt hungernden Menschen, sondern wird überwiegend exportiert und z. B. in den USA und Westeuropa zu Hamburgern verarbeitet.

Um das Fleisch zu den Kunden in die Fast Food-Restaurants zu bringen, sind Kühlschiffe, -häuser, -fahrzeuge und -truhen notwendig, in deren Kühlaggregaten und Wärmeisolierungen FCKW enthalten sind. Diese leisten früher oder später ihren Beitrag zum Treibhauseffekt und schließlich zur Ozonzerstörung. Doch damit nicht genug: Hamburger werden in Schachteln aus Polystyrol verkauft. Beim Aufschäumen von Polystyrol werden immer noch FCKW verwendet. Bei der Herstellung dieser Schachteln wird Energie verbraucht und dabei CO_2 freigesetzt. Letztlich landet diese unnötige Verpackung in der ohnehin schon überfüllten Mülltonne.

Neben Klimaproblemen verursachen die Hamburger weitere Folgeprobleme. Die für die Rinderzucht in Lateinamerika benötigte Weidefläche behindert die Nahrungsmittelproduktion für die dort lebenden Menschen, so daß diese hungern müssen. Da die Großgrundbesitzer freiwillig kein Land zur Verfügung stellen, werden die hungernden Menschen zur Brandrodung weiterer Regenwaldgebiete gezwungen. Die Konsumenten in den Industrieländern werden ebenfalls schlecht ernährt, denn Hamburger und andere Fast Food Produkte enthalten zuviel Auszugsmehl und Fett, aber zu wenig Vitamine, Mineralstoffe und Ballaststoffe.[103]

Satt Dividende statt Energiewende

Der Stromabnehmer zahlt jeden Preis
Stromabgabe und -erlöse der deutschen Elektrizitätswirtschaft

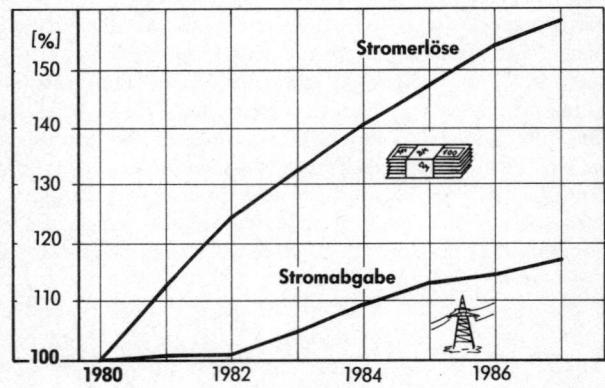

Die Zentralisierung geht weiter
Anteil der Eigenanlagen an der öffentlichen Stromversorgung

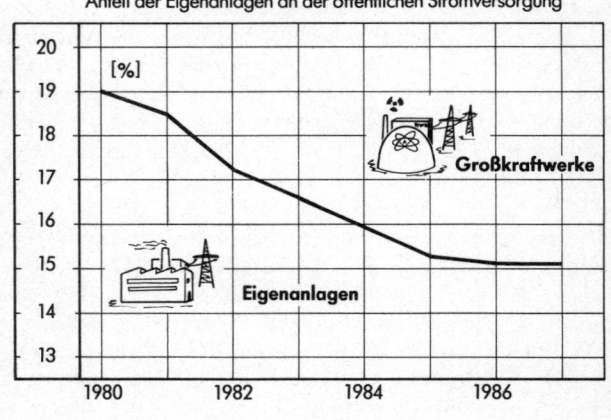

Quelle: Elektrizitätswirtschaft 1981 - 1988

Gaber/Nietsch. Gute Argumente: Klima © Verlag C. H. Beck, München 1989

Diese Forderung zweier mit einem Transparent ausgestatteter „Aktionäre" löste bei der Jahreshauptversammlung der Badenwerk AG 1987 einige Verunsicherung aus. Zwar war die Forderung nach einer satten Dividende schon zuvor von anderen Aktionären erhoben worden, doch blieb dabei im dunkeln, wie die dazu notwendigen Gewinne erwirtschaftet werden sollen: Durch die weiterhin ungehemmte Steigerung des Energieabsatzes!

In der BRD wird der Elektrizitätsmarkt von acht Unternehmen beherrscht, darunter auch der Badenwerk AG. Obwohl es insgesamt fast 1000 Versorgungsunternehmen gibt, wird über 90% des Stroms von diesen acht Unternehmen erzeugt, überwiegend in Großkraftwerken.[105] Damit dies so bleibt, wird die Eigenstromerzeugung vor allem in der Industrie und auf kommunaler Ebene behindert.

Großkraftwerke sind überwiegend Kohle- oder Atomkraftwerke. In ihnen wird Strom aus Wärme mit einem Wirkungsgrad von 30 bis 35% erzeugt, der Rest bleibt fast immer ungenutzt und schädigt als Abwärme die Umwelt und das lokale Klima. Dagegen benötigen die Kunden vor allem Wärme und nicht nur Strom. 90% des Wärmebedarfs liegen im Niedertemperaturbereich und können u. a. dezentral durch Kraft-Wärme-Kopplung, das ist die kombinierte Erzeugung von Strom und Wärme in einem Kraftwerk, bereitgestellt werden. So lassen sich enorme Mengen an Primärenergie einsparen und damit die Emissionen an Kohlendioxid und anderen Luftschadstoffen verringern. Die großen Elektrizitätsversorgungsunternehmen wollen den Strom aber selber produzieren und verkaufen. Sie erschweren die Einspeisung von Überschußstrom in ihr Netz durch niedrige Einspeisevergütungen und hohe Preise für den Strombezug aus dem öffentlichen Netz. Viele Gemeinden mit schlechten Finanzen sind durch Konzessionsabgaben, Gewinnbeteiligungen und Steuern selbst von ihren eigenen Versorgungsunternehmen derart abhängig, daß die Lust an der Eigenstromerzeugung gar nicht erst aufkommt.[106]

Außerdem wirbt die Elektrizitätswirtschaft verstärkt für Strom im Wärmemarkt, z.B. für Nachtspeicherheizungen. Mit Strom Wärme zu erzeugen ist mit hohen Umwandlungsverlusten verbunden und stellt somit eine unnötig große Kohlendioxidquelle dar.[107]

Die Tarifstruktur der Versorgungsunternehmen mit ihrer Aufspaltung in Grund- und Arbeitspreis belohnt die Großverbraucher und bestraft die sparsamen Kunden.[108] Insgesamt prägt diese Geschäftspolitik den gesamten Energiemarkt, denn nur rund ein Drittel der eingesetzten Primärenergie wird in der BRD tatsächlich ausgenutzt: Der große Rest geht verloren.[109]

Atomenergie - ein Ausweg?

Atomenergie: Trotz hoher Investitionen weltweit nur 5%[1]

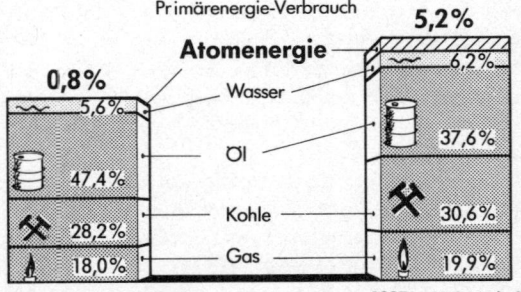

Primärenergie-Verbrauch

Atomenergie 5,2%

0,8%

Wasser

Öl

Kohle

Gas

1973 = 8,5 Mrd t SKE*   1987 = 11,2 Mrd t SKE*

Der Atompfad vergeudet doppelt soviel Rohstoffe wie der Sparpfad[2]

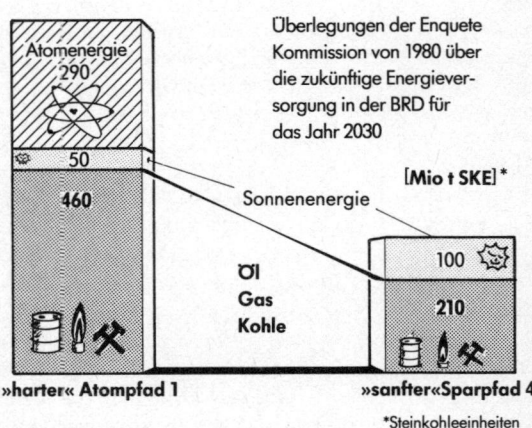

Überlegungen der Enquete Kommission von 1980 über die zukünftige Energieversorgung in der BRD für das Jahr 2030

[Mio t SKE]*

Sonnenenergie

Öl
Gas
Kohle

»harter« Atompfad 1   »sanfter«Sparpfad 4

*Steinkohleeinheiten

Gober/Natsch. Gute Argumente: Klima © Verlag C. H. Beck, München 1989

Quelle: 1) Enquete Kommission 1988 2) Enquete Kommission 1980

Wie schon oft fordert die Atomlobby den Bau von weiteren Atomkraftwerken – diesmal, um dem CO_2-Problem zu begegnen. Es wird darauf hingewiesen, daß AKW schon heute gewaltige Mengen an CO_2 einsparen helfen. Da ein Atomkraftwerk direkt kein CO_2 emittiert, trägt es nicht unmittelbar zum globalen Treibhauseffekt bei.

Hingegen konnte trotz riesiger Investitionen die Atomenergie bis 1987 lediglich 5,2% des Weltenergiemarktes erobern.[110] Wären die Mittel statt für die Erzeugung von Strom in Atomkraftwerken in Energiesparmaßnahmen investiert worden, so hätte viel mehr CO_2 vermieden werden können als durch Atomkraftwerke. Dies liegt daran, daß bisher Energiesparmaßnahmen weltweit vernachlässigt worden sind und deshalb mit wenig Geld viel Energie und somit CO_2 eingespart werden kann.

Vor allem in den Industrieländern ist ein Ausbau der Atomenergie nur möglich, wenn eine weitere Verlagerung der Energiemärkte zum Strom hin stattfindet. Die Enquete-Kommission „Zukünftige Kernenergie-Politik" hat 1980 für die BRD die Möglichkeit eines starken Ausbaus der Atomenergie untersucht. Sie ist zu dem Ergebnis gekommen, daß ein derartiger Ausbau andere zusätzliche Kraftwerke nach sich zieht. Im Jahr 2030 würden etwa 50% mehr Kohle und 4mal soviel Erdöl und Erdgas verbraucht als bei der Nutzung der Sonnenenergie in Verbindung mit Energiesparmaßnahmen.[111]

Aufgrund dieser Ergebnisse hat eine Arbeitsgruppe um Meyer-Abich und Schefold für die Bundesregierung zwei Energiepfade untersucht, die beide mit einem gleichen Anteil an Kohle, Erdöl und Erdgas auskommen. Sie unterscheiden sich jedoch darin, daß in einem Fall die Atomenergie stark ausgebaut wird, während im anderen Fall nach dem Jahr 2000 ganz auf diese verzichtet und dafür Sonnenenergie in Verbindung mit Energiesparen eingesetzt wird. Ihre Ergebnisse zeigten, daß beide Wege unvereinbar sind, und daß wir uns nur für einen der beiden Pfade entscheiden können: Entweder für den harten, zentralistischen Atomenergiepfad, der neben den technischen Risiken die Innere Ordnung gefährdet, oder den sanften, dezentralen Sonnenenergiepfad, der hinsichtlich der heutigen Verfassungsziele eindeutig sozialverträglicher ist.[112]

Verkehr - immer mehr!

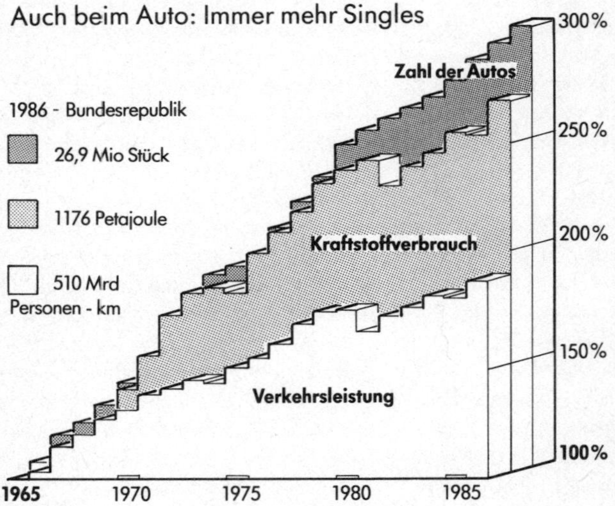

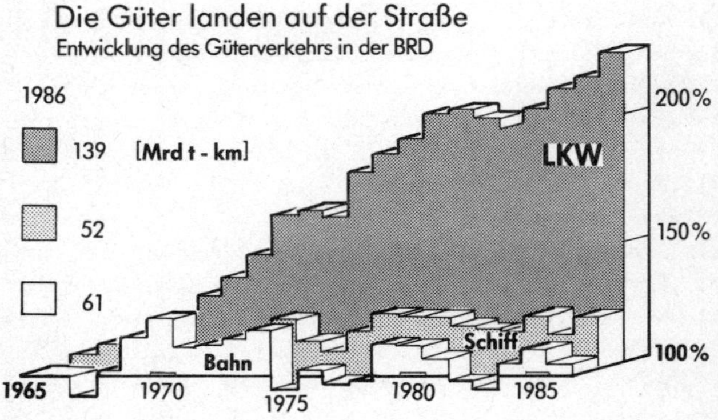

Auch beim Auto: Immer mehr Singles

1986 - Bundesrepublik

26,9 Mio Stück

1176 Petajoule

510 Mrd
Personen - km

Zahl der Autos

Kraftstoffverbrauch

Verkehrsleistung

300%
250%
200%
150%
100%

1965   1970   1975   1980   1985

Die Güter landen auf der Straße
Entwicklung des Güterverkehrs in der BRD

1986

139 [Mrd t - km]

52

61

LKW

Bahn

Schiff

200%
150%
100%

1965   1970   1975   1980   1985

Quelle: Bundesminister für Verkehr 1987

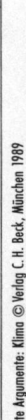

Gaber/Nitzsch. Gute Argumente: Klima © Verlag C. H. Beck, München 1989

Obwohl der Verkehr der mit Abstand größte Luftverschmutzer ist und die Lebensqualität der Menschen durch Lärm, Flächenverbrauch und enorme Unfallrisiken eingeschränkt wird, nimmt er immer weiter zu. In der Bundesrepublik steigt vor allem der Individual- und Güterverkehr auf der Straße an, während der Personen- und Gütertransport mit der Eisenbahn seit 20 Jahren stagniert.

So hat von 1965 bis 1986 der Straßengüterverkehr um 122% zugenommen, während auf der Schiene nur 4% mehr Güter transportiert worden sind.[113] Die Spediteure haben den Vorteil, daß der Ausbau des Fernstraßennetzes über Jahrzehnte hinweg mit Nachdruck und auf Staatskosten vorangetrieben worden ist, während die Bundesbahn die Kosten für ihr Schienennetz selber erwirtschaften mußte.

Von 1965 bis 1986 hat der Individualverkehr, d. h. vor allem der Autoverkehr, um 91% zugenommen. Der Energieverbrauch des Individualverkehrs ist im gleichen Zeitraum sogar um 168% gestiegen![114] Die Gründe dafür sind vielschichtig. Ein Auto ist nicht nur ein Transportmittel, sondern auch ein wichtiges Statussymbol. Mit dem Auto ist es möglich, täglich in angemessener Zeit einen Arbeitsplatz zu erreichen, der sonst unerreichbar bleibt. Je besser das Straßennetz ausgebaut ist, desto weiter kann der Arbeitsplatz weg sein, um so mehr wird gefahren, und um so mehr neue Straßen erscheinen erforderlich. Zusätzlich hat der Einzelhandel ein starkes Interesse, Kunden zum Einkaufen in die Stadt zu ziehen. Dafür sind dann breite und schnelle Zubringerstraßen und viele Parkplätze und Parkhäuser in den Innenstädten erforderlich. Der Ausbau des Straßennetzes hat ebenfalls zur Folge, daß die unmittelbare Umgebung der Wohngebiete als Naherholungsraum unbrauchbar wird, so daß die Bewohner ins Auto steigen, um sich in weiter entfernten Gebieten zu erholen. Dafür sind irgendwann neue Straßen notwendig, die wiederum einen anderen Naherholungsraum zerstören.[115]

Diese Beispiele zeigen, daß eine Stagnation oder gar Abnahme des Autoverkehrs zur Zeit nicht in Sicht ist, weil die Ursachen für den Anstieg weiter fortbestehen. Maßnahmen, die den Autoverkehr weitgehend überflüssig machen, sind bei der breiten Bevölkerung nicht erwünscht und werden daher nur halbherzig ergriffen. Die Automobilindustrie kann mit der jetzigen Situation gut leben und gegebenenfalls mit dem Verlust von Arbeitsplätzen drohen.

»Montreal« heißt Verdoppelung der FCKW in 35 Jahren

Die im Montrealer Abkommen geplante Verminderung der FCKW heißt:

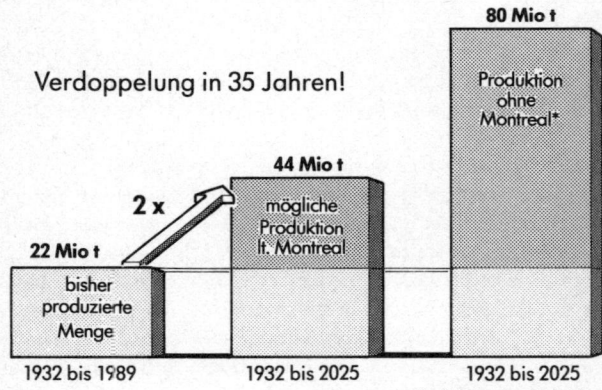

Verdoppelung in 35 Jahren!

80 Mio t — Produktion ohne Montreal*

44 Mio t — mögliche Produktion lt. Montreal

22 Mio t — bisher produzierte Menge

2 x

1932 bis 1989   1932 bis 2025   1932 bis 2025

*bei bleibender Produktion

Wovon die Ozonschicht nur träumen kann
Unbedingt erforderlicher Reduktionsplan der Enquete Kommission 1988

FCKW-Reduktion:

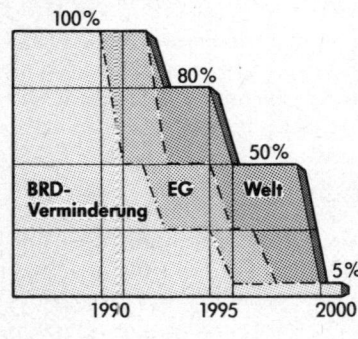

100%

80%

50%

BRD-Verminderung   **EG**   **Welt**

5%

1990   1995   2000

30 Mio t (Welt)

bisher produzierte Menge

1932 bis 2025

Gober/Natsch. Gute Argumente: Klima © Verlag C. H. Beck, München 1989

„Die Volksrepublik China wird ihre Produktion an FCKW bis 2000 verzehnfachen" – diese Meldung ist nicht 20 Jahre alt, als die ozonschädigende Wirkung der FCKW noch unbekannt war – sie ist von 1989![116]

Die Enquete Kommission des deutschen Bundestages kommt zu der Auffassung, daß die FCKW-Mengen bis 2000 weltweit um 95% reduziert werden müssen.[117] Bei einer Jahresproduktion von 1 Mio t FCKW verblieben nach diesen Wünschen 50 000 t FCKW/a – China alleine will bis dahin 66 000 t produzieren.

Das Montrealer Protokoll, das bisher einzige ratifizierte Abkommen zur Begrenzung von FCKW, strebt eine Verringerung einiger FCKW-Typen (siehe D 7 u. D 8) um 50% bis 1998 an. Selbst wenn die Unterzeichner-Staaten den Vertrag einhalten, besteht die Gefahr, daß Länder wie China ihre Produktion ausdehnen.

Wenn nur das Protokoll eingehalten wird, so hätte dies schwere Folgen für die Ozonschicht, wie folgende Rechnung zeigt:

Ab 1992 sollen FCKW um 20% reduziert werden, und ab 1998 um 50%. Zusammen etwa 9 Mio t FCKW dürfen somit noch bis zur vollständigen Erfüllung des Abkommens produziert werden. Bei einer geschätzten Gesamtmenge von 22 Mio t der Jahre 1935 bis 1988 dürften ab 1999 bei einer 50%igen Produktion in 26 Jahren weitere 13 Mio t produziert werden, so daß 2025 eine Verdoppelung der heutigen Gesamtproduktion erreicht wäre.

Derartige Rechnungen müssen Rechnungen bleiben, deshalb muß ein umgehender Produktions- und Verbrauchsstopp erreicht werden. Den rund 20 Firmen, die FCKW herstellen, muß die Produktion von FCKW verboten werden, sofern sie nicht freiwillig darauf verzichten. Häufig trifft es keine armen Firmen, wie das Beispiel Hoechst zeigt: Dieser bundesdeutsche Hauptproduzent von FCKW kann 1988 das „erfolgreichste Jahr der Firmengeschichte" melden – der Gewinn stieg um knapp ein Drittel an.[118] Ein Sieg des Geldes über die Umwelt, denn die FCKW-Produktion blieb auch 1988 in der BRD annähernd gleich hoch.

Neue Hoffnung weckt die Empfehlung einer Konferenz in Helsinki vom Mai 1989, der sich 79 Teilnehmerstaaten anschlossen: Die Produktion und Verwendung von FCKW soll sobald wie möglich, spätestens aber bis zum Jahr 2000 eingestellt werden. Dies ist allerdings nur dann ein Fortschritt, wenn diese Willenserklärung auch umgesetzt wird.

Ökologische Landwirtschaft ist klimafreundlich

Immer mehr Stickstoff-Dünger[1]

mit

1 t

Dünger

wurden erzeugt:

1950 **46 t**   1986 **13 t**

Getreide

Dünger gelangt als Lachgas in die Atmosphäre[2]
Umwandlung von Stickstoffdünger in ozonschädigendes Lachgas

von 100 % Stickstoff-Dünger (1977 ~ 40 Mio t)

gehen als Lachgas in die Atmosphäre:

2 bis 7 %

Ökologischer Reisanbau braucht weniger Energie[3]

um

100 kg

Reis

zu erwirtschaften, werden folgende Energiemengen eingesetzt:

traditioneller ökologischer Anbau (Philippinen)

0,5 kg

Kohle

moderner Anbau (USA)

38 kg

Quelle: 1) Brown 1987 2) Crutzen/Ehhalt 3) Bossel 1985

Gober/Natsch. Gute Argumente: Klima © Verlag C. H. Beck, München 1989

Von 1950 bis 1986 hat sich die Weltgetreideproduktion von 624 Mio t auf 1661 Mio t fast verdreifacht. Im gleichen Zeitraum hat sich jedoch der Düngemittelverbrauch fast verzehnfacht. Wurden 1950 mit einer Tonne Stickstoffdünger noch 46 t Getreide produziert, so waren es 1986 nur noch 13 t. Daneben wurde 1986 in der Landwirtschaft etwa 7mal soviel Energie benötigt wie 1950.[119]

Während sich die Ernährungssituation der hungernden Menschen verschlechtert hat, stieg der pro-Kopf-Verbrauch an Fleisch z.B. in der BRD von 36,6 kg im Jahr 1950 auf ca. 100 kg im Jahr 1985.[120] Den Klimafolgen der Intensivlandwirtschaft sind jedoch alle Menschen ausgesetzt. Denn neben den CO_2-Abgaben aus dem Energieverbrauch wird das Klima zunehmend durch Lachgas (N_2O) beeinflußt, das zu einem großen Teil aus mineralischen Stickstoffdünger stammt.

Welcher Anteil des Stickstoffdüngers in Lachgas verwandelt wird, hängt sehr stark von der Beschaffenheit des Bodens und von der Witterung ab. Eine grobe Schätzung geht davon aus, daß etwa ein Drittel des Düngers in relativ kurzer Zeit durch chemische Umwandlung in die Atmosphäre gelangt, wobei etwa 5 bis 20% des Stickstoffs als Lachgas anfällt.[121] Es gibt jedoch Anzeichen, daß in verdichteten Böden mehr Lachgas abgegeben wird.[122]

In der ökologischen Landwirtschaft wird die Stickstoffdüngung statt mit mineralischem Dünger durch den Anbau von Schmetterlingsblütlern wie z.B. Klee oder Erbsen im Fruchtwechsel erreicht (Gründüngung). Diese können als Viehfutter oder Feldfrucht genutzt werden. Die durch die Pflanzen gebundene Stickstoffmenge bewegt sich im Bereich der in den Industrieländern üblichen Mineraldüngung. Die Erträge der ökologischen Landwirtschaft liegen, wenn überhaupt, nur geringfügig unter denen von herkömmlich geführten Betrieben, wobei wesentlich weniger Dünger und Energie notwendig ist.[123]

In tropischen Gebieten bietet die Agrarforstwirtschaft, bei der Felder auf Terrassen angelegt und Bäume und Sträucher angepflanzt werden, wesentliche Vorteile: Bäume und Sträucher spenden Schatten, fixieren Stickstoff, holen Nährstoffe aus tieferen Schichten und verbessern die Humusschicht. Außerdem fällt Brennholz und Laub als Tierfutter an. Die Felder zwischen den Bäumen sind vor Erosion geschützt, und das Wasser kann besser gespeichert werden.[124]

Weniger CO_2 durch Sofortausstieg

Eine ökologisch notwendige Umstrukturierung der Energiewirtschaft vermindert CO_2 beim Ausstieg aus der Atomenergie

Geschätzte Veränderung der CO_2-Emissionen - Grünes Szenario 1988

		1990	1995	2010
Σ	Summe	+6%	-4%	-31%
⚒	Steinkohle	+25%	+28%	+9%
⬣	Braunkohle	-14%	-15%	-65%
🛢	Erdöl	+2%	-17%	-44%
🔥	Erdgas	+7%	-13%	-36%

Graber/Notsch. Gute Argumente: Klima © Verlag C. H. Beck, München 1989

Quelle: Öko-Institut 1988

Um dem drohenden Treibhauseffekt zu begegnen, wird von der Energiewirtschaft und ihrer Lobby immer häufiger gefordert, alle verfügbaren und zusätzlich erschließbaren Energieangebotstechniken zu nutzen, um die CO$_2$-Abgaben zu verringern. Insbesondere ein möglicher Ausstieg aus der Atomenergie wird als zusätzliches Hemmnis für die Bewältigung der drohenden Klimakatastrophe angesehen. Dabei wird übersehen, daß erst der Ausstieg aus der Atomenergie einen volkswirtschaftlich rentablen Markt für Energieeinspartechniken und regenerative Energieträger ermöglicht – und zwar um so wirksamer, je schneller ausgestiegen wird.

In den Industrieländern gibt es erhebliche Einsparmöglichkeiten für Strom und Raumwärme. Beispielsweise in Bremen können etwa 55% der Heizenergie mit Kosten von 2 bis 10 Pf/kWh eingespart werden.[125] Viele Beispiele zeigen, daß durch Energiesparmaßnahmen erhebliche CO$_2$-Verminderungen möglich sind.

Für kommunale und industrielle Kraft-Wärme-Kopplung wurde in einer sehr vorsichtigen Abschätzung bis zum Jahr 2000 ein zusätzliches wirtschaftlich erschließbares Potential von 98 TWh in der BRD ermittelt,[125] dies entspricht der jährlichen Stromerzeugung von 10 bis 12 großen Atomkraftwerken. Dieses Potential kann jedoch nur ausgeschöpft werden, wenn die Bedingungen am Energiemarkt verbessert werden. Denn die Konzernstrukturen der AKW-Betreiber sind bisher für eine örtlich mögliche Nutzung von Nah-, Fern- und Abwärme ungeeignet und schließen Energiesparen quasi aus. Dagegen besteht ein starker wirtschaftlicher Anreiz, Energiesparmaßnahmen der Kunden zu verhindern oder zumindest nicht aktiv zu fördern.

In einem „grünen Szenario" hat das Öko-Institut die Auswirkungen eines sofortigen Ausstieges aus der Atomenergie in Verbindung mit einer dann möglichen, raschen Markteinführung von regenerativen Energiequellen, Energiespartechniken und Kraft-Wärme-Kopplungs-Anlagen mit einem „Trend-Szenario" von Prognos verglichen, welches eine nur geringfügige Verminderung der CO$_2$-Abgaben bis zum Jahr 2005 erwarten läßt. Zwar steigen durch den Sofortausstieg im Jahr 1990 die jährlichen CO$_2$-Abgaben um 6% an, doch liegen sie schon 5 Jahre später um 4% unter dem Trend-Szenario. Bis im Jahr 2010 sind sie um immerhin 31% unter den Trend abgesunken.[126] Mehr oder weniger CO$_2$ ist kein Schicksal, sondern vor allem das Ergebnis politischer Entscheidungen!

Start in die Sonnenenergiewirtschaft

Im 21. Jahrhundert nur noch Sonnenenergie?
Möglicher Einsatz erneuerbarer Energieträger in der BRD

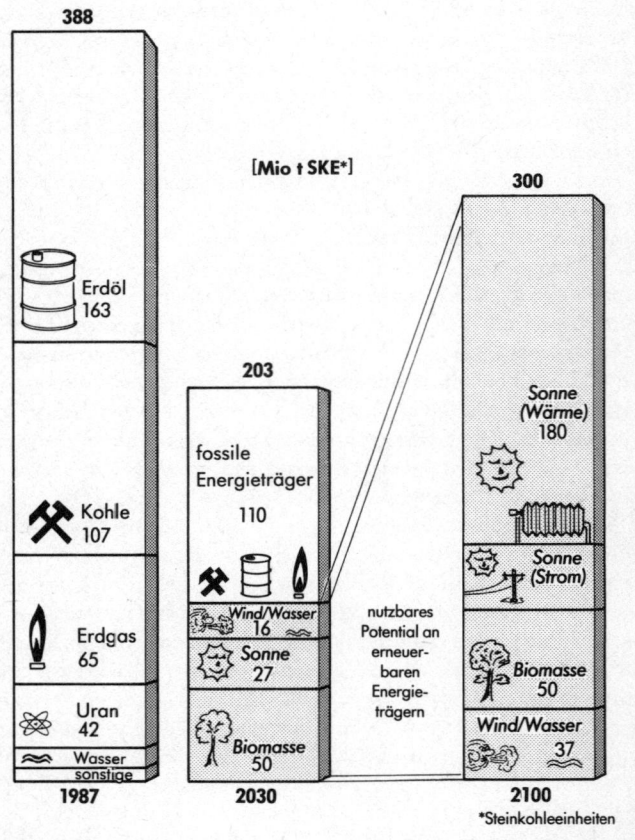

388

Erdöl
163

Kohle
107

Erdgas
65

Uran
42

Wasser
sonstige

1987

[Mio t SKE*]

203

fossile
Energieträger
110

Wind/Wasser 16

Sonne
27

Biomasse
50

2030

nutzbares
Potential an
erneuer-
baren
Energie-
trägern

300

Sonne
(Wärme)
180

Sonne
(Strom)

Biomasse
50

Wind/Wasser
37

2100
*Steinkohleeinheiten

Gruber/Nørtsch. Gute Argumente: Klima © Verlag C. H. Beck, München 1989

Quelle: Öko-Institut 1987

Die jährlich auf das Gebiet der Bundesrepublik einstrahlende Sonnenenergie beträgt über 250 Billionen Kilowattstunden, das ist mehr als das Achtzigfache der Energiemenge, die in der Bundesrepublik gegenwärtig an Kohle, Öl, Gas und Atomenergie verbraucht wird. Nur ein Bruchteil dieses gewaltigen Angebotes müßte also genutzt werden, um unseren Energiebedarf zu decken.

Neben der eigentlichen Sonnenstrahlung können weitere regenerative Energiequellen genutzt werden. So könnten bei ökologisch vertretbarer Nutzung aller windreichen Gebiete in der BRD jährlich 280 Milliarden Kilowattstunden Strom erzeugt werden, dies wären etwa 80% des heutigen Stromverbrauchs. Außerdem könnten Wasserkraft und Biomasse größere Beiträge zur Energieversorgung als bisher leisten. Bei der Vergasung oder Verbrennung von Biomasse entsteht – anders als bei der Verbrennung fossiler Energieträger – kein überschüssiges Kohlendioxid.

Eine Studie des Öko-Institutes hat den möglichen Einstieg in die Sonnenenergiewirtschaft bei gleichzeitigem Ausstieg aus der Atomenergie untersucht und gezeigt, wie der Energiebedarf im Jahr 2030 gedeckt werden kann.[127] Dabei wurde unterstellt, daß sich bis dahin der Energiebedarf durch konsequente Energiesparmaßnahmen um ca. 40% gegenüber 1984 verringert haben wird. Diese Einsparung ist ohne Wohlstandseinbußen zu realisieren. Im Jahr 2030 werden nach dieser Studie 60% weniger fossile Energieträger eingesetzt werden, wodurch der Ausstoß von Kohlendioxid in ähnlichem Maße reduziert werden kann. Atomkraftwerke gibt es dann in der BRD nicht mehr. Statt dessen soll fast die Hälfte des Energiebedarfs aus Sonnenenergie, Windenergie, Wasserkraft und Biomasse erschlossen werden.

Das in der Studie ermittelte Potential an regenerativen Energiequellen in der BRD ist annähernd so groß wie der gegenwärtige Energiebedarf und deutlich größer als der vom Öko-Institut bei einer konsequenten Energiesparpolitik ermittelte Energiebedarf im Jahr 2030. Auch wenn im Laufe des nächsten Jahrhunderts der Energiebedarf steigen sollte, kann er vollständig aus regenerativen Energiequellen gedeckt werden. Auf Atomkraftwerke kann sofort, auf fossile Energieträger langfristig verzichtet werden!

Weltweite Umverteilung der Energie

Wer ist für den Treibhauseffekt verantwortlich?
Gemittelte Kohlendioxid-Freisetzung pro Person und Jahr (1950 bis 1984)

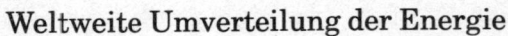 US-Amerikaner   18 t

Westeuropäer   17 t

Osteuropäer   9 t

Asiate (3. Welt)   1 t

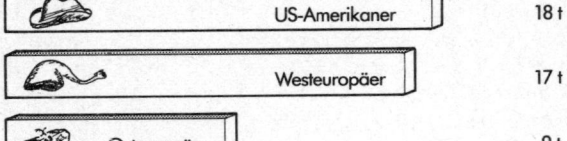 **Welt**   **3 t**

Die Hauptverantwortlichen sind jetzt gefragt
Weltweit unbedingt notwendige CO_2-Umverteilung

US-Amerikaner   -50%

Westeuropäer   -50%

Osteuropäer   -30%

Asiate (3. Welt)   +20%

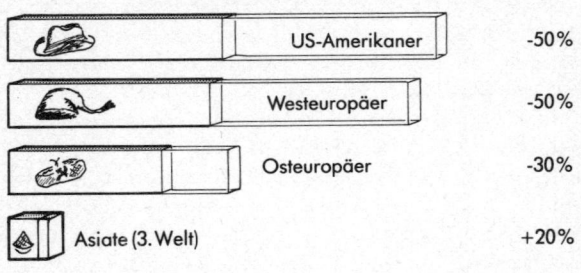 **Welt**   **-20%**

Quelle: Krause/Hennicke

Gober/Natsch. Gute Argumente: Klima © Verlag C. H. Beck, München 1989

Im Juni 1988 fand in Toronto eine internationale Klimakonferenz statt, bei der eine Reduzierung der CO_2-Abgaben um 20% bis zum Jahr 2005 gefordert wurde. Durch diese Maßnahme sollte der zusätzliche Treibhauseffekt auf 1 bis 2 °C begrenzt werden.[128]

Die Menschen in den Industrieländern haben bisher sehr viel mehr CO_2 an die Atmosphäre abgegeben als die Menschen in der Dritten Welt. Betrachtet man z.B. den Zeitraum von 1950 bis 1984, so hat durchschnittlich jeder US-Amerikaner 18 Tonnen Kohlendioxid pro Jahr als CO_2 freigesetzt, ein Westeuropäer fast genau so viel. Die Menschen in den Ostblockstaaten haben pro Kopf nur etwa halb soviel freigesetzt. Die Menschen in der Dritten Welt hingegen haben zu dieser Altlast nur mit 0,5 bis 0,9 Tonnen pro Kopf und Jahr beigetragen.[129]

Für die Festlegung von CO_2-Einsparquoten sollten die bisher verursachten Altlasten pro Kopf und die vorhandenen Reduktionspotentiale in den einzelnen Staaten zugrundegelegt werden. Soll die von der Toronto-Konferenz geforderte Reduktion um 20% im weltweiten Mittel erreicht werden, dann müßten die Industrieländer Westeuropas sowie die USA, Japan etc. ihre CO_2-Abgaben bis zum Jahr 2005 um 50% und die Ostblockländer (ohne China) um 30% reduzieren. Dann könnte die gesamt Dritte Welt ihre CO_2-Abgaben um 20% erhöhen.[130] Für die Industrieländer sind die geforderten Reduktionen angesichts erheblicher Einsparpotentiale und guten Finanzierungsmöglichkeiten machbar (siehe D 3). Hingegen erfordert eine Begrenzung des Zuwachses auf 20% von den Ländern der Dritten Welt gewaltige Anstrengungen, die nur mit Unterstützung aus den Industrieländern bewältigt werden können. In Indien z.B. wird bis zum Jahr 2005 mit einer Steigerung der CO_2-Abgaben um 150% gerechnet.[131]

Eine Halbierung der CO_2-Abgaben in den Industrieländern setzt eine erhebliche Steigerung der Energieeffizienz voraus. Für die BRD ist außerdem nachgewiesen worden, daß eine solche Effizienzsteigerung mit den bestehenden Überkapazitäten und dem damit verbundenen Anreiz, noch mehr Energie zu verkaufen, unvereinbar ist. Insofern verschärft die Atomenergie das CO_2-Problem: Ohne Ausstieg ist keine einschneidende Eindämmung des Treibhauseffektes möglich.[132] Werden Atomkraftwerke weiterbetrieben, müssen wir neben Klimakatastrophen mit dem wachsenden Atommüllproblem und mit Atomkatastrophen rechnen!

Verzicht auf FCKW

Bisherige Trends und Reduktionsmöglichkeiten
Reduktionsvorschläge für die BRD lt. Enquete Kommission 1988[1]

	Trend	Reduktion
Σ **Summe**	1977 bis 1988 +10%	Rest: 5000t (+4000t F22[2]) -95%
Treibmittel	-90%	Rest: 1000t -98%
Schäume	+100%	Rest: 2000t -80%
Lösungsmittel	bis 500%	Rest: 2000t -95%
Kältemittel	-30%	Rest: 0 (4000t F22) -100%

Quelle: 1) Enquete Kommission 1988 2) Lohrer - UBA 1988

Gober/Nötsch. Gute Argumente: Klima © Verlag C. H. Beck, München 1989

Die Enquete Kommission „Vorsorge zum Schutz der Erdatmosphäre" hält eine stärkere FCKW-Reduzierung für notwendig, als im Montrealer Protokoll vorgesehen ist. In der BRD sollen die FCKW nach Vorstellung der Enquete-Kommission bis 1995 wie folgt vermindert werden:[133]

1988 wurden in der BRD für *Spraydosen* noch 4700 t FCKW verwendet, ab 1990 sollen es weniger als 1000 t werden. Dann verbleiben 2% gegenüber dem Höchststand von 1976, die es ebenfalls zu reduzieren gilt.

1986 wurden 7000 t FCKW im *Kälte- und Klimabereich* verbraucht. Die Bundesregierung wird von der Enquete Kommission ersucht, bis zum 31. 12. 1990 eine Verpflichtungserklärung der Industrie zu erreichen, daß nur noch Ersatzstoffe eingesetzt werden – auch bei sämtlichen Importen (siehe D 8). Darüber hinaus soll eine Kennzeichnung über die Recyclingfähigkeit erfolgen. Sollte eine solche Regelung nicht erfolgen, sollten bis 1. 6. 1991 rechtliche Schritte abgeklärt sein.

1986 wurden 24000 t FCKW im *Verschäumungsbereich* verwendet. Die Regierung soll bis Ende 1989 eine Verpflichtung dieser Industrie erreichen. Bis zu 80% der FCKW sollen reduziert werden: Über 50% bei den PUR-Schäumen, 80% und mehr bei Polystyrol und 100% beim Weichschaum. Teilhalogenierte FCKW wie F 22 dürfen nur für eine Übergangzeit von 10 Jahren verwendet werden. Weiterhin soll FCKW-haltiges Verpackungsmaterial und Wegwerfgeschirr unterbunden werden. Wenn bis Ende 1989 keine Vorschläge der Industrie vorliegen, sollte die Regierung bis 1. 6. 1990 Regelungsvorschläge erstellt haben. Übrig blieben 1992 nach Umsetzung der Vorschläge knapp 5000 t FCKW, die durch Verwendung FCKW-freier Isoliermaterialien auch noch vermeidbar sind!

Das Umweltbundesamt schätzt, daß bis zu 40000 t FCKW (1986) im *Reinigungs- und Lösungsmittelbereich* verwendet werden. Auch hier soll die Regierung eine Selbstverpflichtung bis Ende 1989 erreichen, die ab 1992 eine Einschränkung auf „unumgängliche" Einsatzgebiete beinhaltet und 1995 zu einer Verringerung von 95% führt. Sollte diese Selbstverpflichtung nicht erfolgen, soll die Regierung tätig werden. Hiernach verbleiben 1995 2000 t FCKW.

Würden diese Vorschläge weltweit greifen, so blieben bei der Weltproduktion von 1,1 Mio t FCKW (1985) noch etwa 50000 t übrig.

Ein Spray für alle Fälle?

Wozu Sprays »gebraucht« werden [1]

BRD 1988: 609 Mio Stück

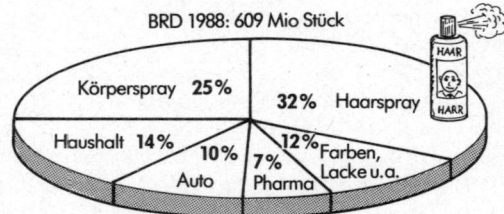

Körperspray **25%**

32% Haarspray

Haushalt **14%**

10% Auto

7% Pharma

12% Farben, Lacke u.a.

Der Verbraucher reagiert
Die Zahl der verkauften Spraydosen sinkt 1988 erstmals

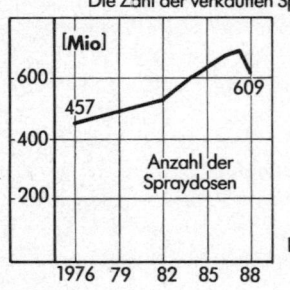

[Mio]
- 600
- 400
- 200

457

609

Anzahl der Spraydosen

1976　79　82　85　88

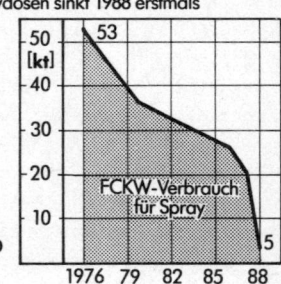

[kt]
- 50
- 40
- 30
- 20
- 10

53

FCKW-Verbrauch für Spray

5

BRD

1976　79　82　85　88

Was die Sprayhersteller versäumt haben [2]

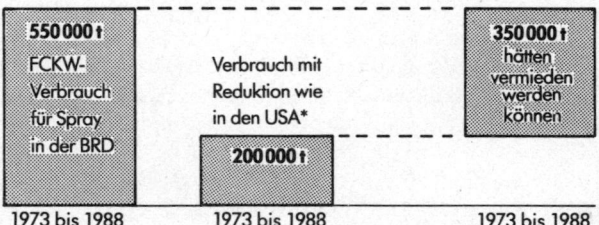

550 000 t
FCKW-Verbrauch für Spray in der BRD

Verbrauch mit Reduktion wie in den USA*

200 000 t

350 000 t
hätten vermieden werden können

1973 bis 1988　　　　1973 bis 1988　　　　1973 bis 1988

*seit 1974 stark gesunkener Verbrauch/ab 1979 FCKW-Verbot für Aerosole

Gober/Matsch. Gute Argumente: Klima © Verlag C. H. Beck, München 1989

Quelle: 1) IGA e.V. 1989 2) eigene Rechnung

Im Jahre 1974 erschien in den USA ein wissenschaftlicher Aufsatz, der aufzeigte, daß die Fluorchlorkohlenwasserstoffe (FCKW), damals hauptsächlich aus Spraydosen, die Ozonschicht angreifen können.[137] Der Verbrauch an FCKW in den USA für Spraydosen sank seit damals von ca. 200000 t auf ca. 10000 t (1979). Es zeigt sich, daß das „Vorbild" USA in diesem Fall für die Bundesrepublik keine Wirkung hatte: 1974 stieg der Verbrauch an FCKW in der BRD noch an und sinkt erst seit 1987 spürbar – mit mehr als 10jähriger Verspätung! Wären die FCKW für Spraydosen wie in den USA vermindert worden, so hätten in der BRD in den letzten 14 Jahren ca. 350000 t eingespart werden können, das entspricht der 3fachen Jahresproduktion.

Zwar sank der FCKW-Verbrauch in der BRD von 1976 bis 1986 auf die Hälfte, dies lag aber keineswegs an der Einsicht der Industrie. Denn die Menge an FCKW pro Spraydose nahm von 1976 = 116 g/Stück auf 1986 = 39 g/Stück ab, d.h., eine Spraydose enthielt 1986 im Schnitt „nur" ein Drittel der FCKW-Menge von 1976. Erst ab 1988 setzt in der Bevölkerung eine merkliche Reaktion auf die Klimagefahren durch FCKW ein: Erstmals sinkt der Verbrauch an Spraydosen. Trotzdem kaufte auch 1988 jeder Bundesbürger monatlich etwa eine Spraydose.[138]

Wie leicht auf die Ozonkiller als Treibmittel hätte verzichtet werden können, belegen die Abschätzungen für 1988 – hiernach wurde der Verbrauch auf 4780 t pro Jahr gesenkt, d.h., um 82% in nur 2 Jahren.[139] Auch die verbleibenden FCKW im Spraybereich müssen verschwinden. Hier kurz die Möglichkeiten:

a) Verzicht auf überflüssige Sprays!

b) Ersatz von Spraydosen: Hier bieten sich Pumpsprühdosen, die mit Druckluft arbeiten, an. Außerdem gibt es Deoroller, -stifte, Rasierpinsel usw., sie sind FCKW-frei und ergiebiger.

c) Ersatz von FCKW als Treibmittel: Mögliche Treibmittel sind Preßluft, Kohlendioxid, aber auch feuergefährliche Mittel wie Propan und Butan, die daher i.d.R. ungeeignet sind. Der „Ersatzstoff" F 22 ist abzulehnen (siehe D 8).

Schaum - aus der Traum?

Weltverbrauch an FCKW zur Schaumherstellung[1]

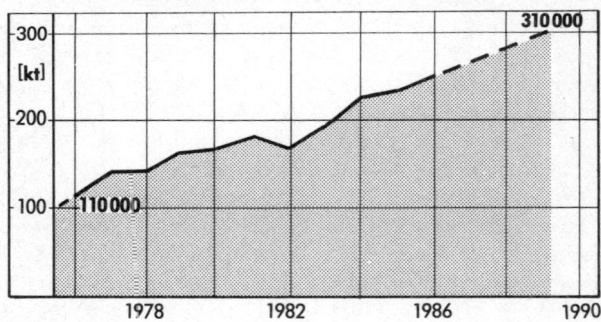

Anwendungsbereiche für Schaumstoffe in der BRD[2]

Polyuretan (PUR)-Hartschaum 61%	1986	Polystyrol-Schaum 18%	Weichschaum PUR: 19% PE*: 2%
14500 t/Jahr		4200 t/Jahr	5000 t/Jahr
Einsatzgebiete			
Wärmedämmplatten, Kühlschrankisolierung, KFZ - Innenraum, Abdichtung am Bau		Wärmedämmplatten, Fast Food- und andere Verpackung	Polsterung, Verpackung, Autositze, Matratzen u.a.
Verzicht und Ersatz			
Isoflock aus Recyclingpapier u.ä., Mineralwolle, FCKW-freie Schäume		Verzicht auf Fast Food, Papier, Pappe u.a. als Verpackung, FCKW-freies Polystyrol	FCKW-freie Weichschäume, Verzicht auf Autos, herkömmliche Polstermaterialien

*Polyethylen

Gober/Natsch. Gute Argumente: Klima © Verlag C. H. Beck, München 1989

Quelle: 1) Kali-Chemie 1988/Rand 1986 2) Lohrer-UBA 1988

Rund ein Viertel des *Weltverbrauchs* (215 000 t FCKW 11 und 12) wurden 1986 für die Produktion von Schaumstoffen verbraucht.[140]

Die Hälfte der „Schaum-FCKW" wurde zur Herstellung von *Polyurethan-Hartschaum* (PUR-Schaum) verwendet (115 800 t F 11). Einsatzgebiete für PUR-Schaum sind: Wärmedämmung, Konstruktionsanwendung z. B. für Kühlschrankisolierung, Montageanwendung z. B. als Füllmaterial und in geringen Mengen Verpackung. Die in diesen Schäumen gebundenen 15 Gew.% an FCKW, die z. B. für die guten Wärmedämmeigenschaften sorgen, werden kontinuierlich in mehreren Jahrzehnten freigesetzt.[140, 141]

Den zweiten großen Bereich umfassen die *Polystyrol-Hartschäume* mit einem Verbrauch von 42 800 t (1986) des FCKW-Typs F 12. Diese Schäume werden derzeit für die Herstellung von Lebensmittelverpackungen und Wegwerfgeschirr „gebraucht" und aus einer Treibmittelmischung aus CO_2 und F 12 hergestellt.

Der dritte Bereich betrifft die *Weichschäume* mit 57 000 t F 11-Verbrauch für die Herstellung von Möbeln, Matratzen, Teppichunterlagen, Autositzen, Wärmedämmung und Verpackung.

Der Verbrauch an FCKW 11 und 12 für die Schaumherstellung in der *BRD* betrug 1986 insgesamt 24 000 t. Davon entfielen 20 000 t auf die Hartschäume und 4000 t auf die Weichschäume.[141]

Ersatz von Schaumstoffen: PUR-Hartschäume zur Wärmedämmung können sofort durch FCKW-freie Dämmstoffe wie Polystyrolschaum (Styropor), Mineralfasern, Isoflock (aus Recyclingpapier) usw. ersetzt werden.

Montageschaum hat aus „Rationalisierungsgründen" in den letzten Jahren immer mehr die herkömmlichen Verpackungsmaterialien wie Papier, Pappe usw. verdrängt, die jederzeit wieder einsetzbar sind.

Die Weichschäume für Möbel und Autositze lassen sich in vielen Bereichen durch herkömmliche Polstermaterialien ersetzen. Matratzen aus Stroh, Kokos, Roßhaar oder Futon (Baumwolle) beispielsweise sind ohnehin gesünder. Leider hat sich auch bei den Möbeln die Wegwerfgesellschaft durchgesetzt – haltbarere Produkte müssen hergestellt werden.

Kühlschränke sind das kleinere Übel

Das Luxusauto als Ozonkiller
Weltweiter Einsatz von FCKW-Kältemitteln[1]

1985
110 000 t
FCKW

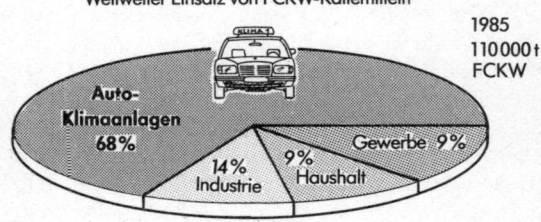

Auto-Klimaanlagen 68%

14% Industrie

9% Haushalt

Gewerbe 9%

Kältemittel-Einsatz in der BRD[2]

1986
6 800 t
davon
2 800 t F 22

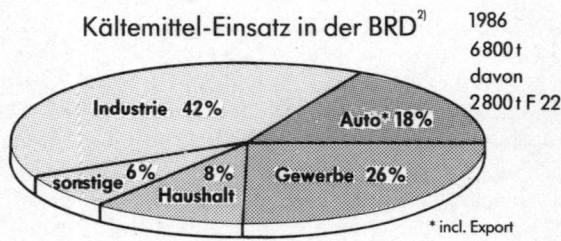

Industrie 42%

Auto* 18%

sonstige 6%

8% Haushalt

Gewerbe 26%

* incl. Export

Wie wichtig ist die Kühlschrankentsorgung?[3]

BRD 1987

max. Recycling-menge

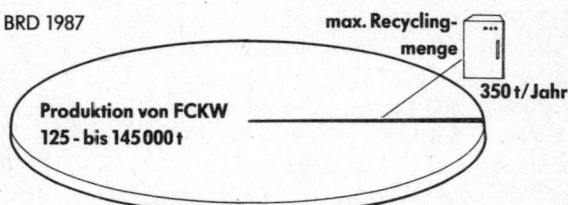

350 t/Jahr

Produktion von FCKW
125 - bis 145 000 t

0,3% der FCKW lassen sich jährlich aus Kühlschränken entsorgen!

Quelle: 1) Rand 1986 2) DKV e.V. 1988 3) Lohrer-UBA 1988

Gaber/Natsch. Gute Argumente: Klima © Verlag C. H. Beck, München 1989

Weltweit wurden 1985 110000 t der Fluorchlorkohlenwasserstoffe F 11 und F 12 für Kühlgeräte verbraucht. Davon wurden zwei Drittel in *Autoklimaanlagen* verwendet, hauptsächlich in den USA. 1960 waren erst 6% der Autos in den USA mit Klimaanlagen versehen – heute sind es 68%. Durch Leckagen gehen alle 5 Jahre rund 30% der Kältemittel der Autoklimaanlagen verloren, aber auch durch Autounfälle: Die dadurch freiwerdende FCKW-Menge ist rund dreimal so groß wie die in allen bundesdeutschen Kühlschränken jährlich zu entsorgende Menge.[142]

Die Anwendung der restlichen 32,2% an FCKW-Kältemitteln entfällt weltweit im wesentlichen zu gleichen Teilen auf die *Gewerbe-Kühlmöbel* (9%), die *Haushalts-Kühlgeräte* (9,4%) und *Großkälteanlagen*. Eine Menge von etwa 150000 t des neuen FCKW-Typs F 22 wird hauptsächlich für Großkälteanlagen, Kühlschiffe, Klimaanlagen und gewerbliche Kühlmöbel verwendet.

In der *BRD* fallen im Kältebereich ca. 7000 t FCKW (1986) an, davon ca. 2600 t F 22.[143] Bei etwa 2,3 Mio Kühlgeräten mit je 0,15 kg FCKW (ohne Berücksichtigung der im Isoliermaterial gebundenen FCKW) fallen 350 t FCKW (F 12) pro Jahr an.[144] Das sind derzeit etwa 0,3% der FCKW-Produktion. FCKW-Ausstiegskonzepte, die die Kühlschrankentsorgung als Hauptaufgabe sehen, müssen demnach als verfehlt bezeichnet werden. Auch wenn jedes vermiedene Gramm FCKW wichtig ist, müssen zunächst andere Schwerpunkte gesetzt werden:

Verzicht auf Kältemittel: Bei einer gesunden Ernährung empfiehlt sich der Verzicht auf Tiefkühlkost.[145] Tiefkühl„fertig"gerichte ziehen Kühlhäuser, Kühlschiffe, Kühlfahrzeuge, gewerbliche Kühlmöbel und letztlich Tiefkühltruhen nach sich.

Ersatz für Kältemittel: Für die Verwendung als Kältemittel sind prinzipiell alle Stoffe geeignet, mit denen in einem Kreisprozeß Wärme von einem Temperaturniveau (z.B. Kühlschrankinnenraum) auf ein anderes (z.B. Umgebungsluft des Kühlschranks) transportiert werden kann. Früher wurden folgende Mittel verwendet: Ammoniak, SO_2, CO_2, Chlormethan, Butan, Propan u.a.[146]

Entsorgung von Kältemitteln: Grundsätzlich sollte überall, wo industrielle und gewerbliche Großanlagen, Kühlschiffe, Kühlfahrzeuge, Klimaanlagen und Haushaltskühlgeräte verwendet werden, Leckagen beseitigt und bei der Entsorgung das Kältemittel abgepumpt und fachgerecht entsorgt werden.

FCKW-Lösungsmittel:
In 20 Jahren 30 mal soviel

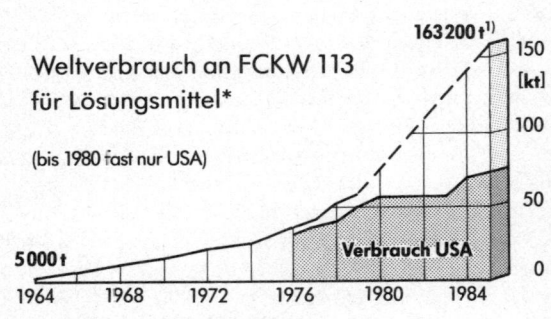

**Weltverbrauch an FCKW 113
für Lösungsmittel***

(bis 1980 fast nur USA)

163 200 t[1]

150 [kt]

100

50

0

5000 t

Verbrauch USA

1964   1968   1972   1976   1980   1984

*bis 1979 OECD-Verbrauch - 1985 Welt

FCKW Lösungs- und Reinigungsmittel (BRD)[2]

	Anwendung	**Vermeidung**
Elektroindustrie	Lösungsmittel in der Elektro- und Elektronikindustrie (5000 t F 113 Elektroindustrie)	Ersatzstoffe: Wässrige Lösungen, Alkohole, Biol. Lsgm., Verzicht auf Computer u.ä. als Spielzeug
Industriereinigung	Oberflächen-reinigung von Metallen, Kunst-stoffen u.a.	Ersatzstoffe wie oben, Verzicht z.B. auf Videogeräte
Textilreinigung	Textilreinigung 2500 t F 113	Mit »P« wie Per oder »F« wie FCKW ausgezeichnete Kleidung mit Wasser reinigen

Gaber/Notsch. Gute Argumente: Klima © Verlag C. H. Beck, München 1989

Quelle: 1) Rand 1986 2) UBA 1988

Lösungsmittel für die Reinigung von Oberflächen und Textilien sind inzwischen *weltweit* der größte FCKW-Anwendungsbereich. Meist wird der FCKW-Typ F 113 verwendet, der das krebserregende Tetra (Tetrachlorkohlenstoff, CCl_4) fast vollständig ersetzt hat. Lag die Produktion von F 113 im Jahre 1964 noch bei ca. 5000 t (OECD-Staaten), so waren es 1985 schon 163000 t.

Bei den FCKW-Typen F 11 und F 12 sind die Anwendungen für Lösungsmittel nicht so klar aufschlüsselbar. In einem Bericht der Rand Corporation wird eine Gesamtsumme von 132000 t für verschiedene Anwendungen genannt, dazu gehören u. a. geschätzte 16000 t FCKW für die Desinfektion in Krankenhäusern und Industrie sowie 6000 t für das Einfrieren von Nahrungsmitteln.[147]

In der *BRD* wurden 1979 etwa 5000 t F 113 für die industrielle Entfettung verbraucht.[148] Die Schätzungen für den Verbrauch von 1986 reichen von bis zu 16000 t F 113/114 zuzügl. bis zu 4000 t F 11 und darüber hinaus bis zu insg. 40000 t.[149] Somit liegt die Steigerungsrate seit 1979 zwischen 300 und 700%!

Mit diesen FCKW werden Teile gereinigt, die besonders empfindlich sind, wie lackierte Oberflächen, Kunststoffe, Metall-Kunststoffverbindungen u. ä. Die gewerblichen und industriellen Reinigungsanlagen haben 1 kg bis mehrere 100 kg Inhalt und verbrauchen z. T. 10 t/Jahr und mehr. Für den Teilbereich der Elektroindustrie wurden 5000 t F 113 geschätzt.

Für die meisten Anwendungen stehen Ersatzstoffe zur Verfügung, wie z. B. Wasser, Alkohol, Ester, Ether und biologische Lösungsmittel aus Orangenschalen. Gesundheitliche Risiken, wie früher beim krebserregenden Tetra, sind bei sachgemäßer Handhabung am Arbeitsplatz nicht zu erwarten. Bei neuen Lötverfahren unter Schutzgas kann auf FCKW-haltiges Flußmittel ganz verzichtet werden.

Bei der Textilreinigung wurden 1986 in der BRD 2500 t F 113 verbraucht – 12mal mehr als 1979! Dieser stark ansteigende Verbrauch darf sich nicht dadurch verstärken, daß in chemischen Reinigungsanlagen das gesundheitsschädigende Tetrachlorethen (PER) durch F 113 ersetzt wird.

Textilien, die mit „F" (FCKW) oder „P" (Per) gekennzeichnet wurden, also chemisch gereinigt werden „müssen", sollten mit Wasser gereinigt werden.

FCKW-Vermeidung in der Kommune

Verursacher finden

Wer verwendet FCKW?
Hersteller von Schäumen,
Haushalte, Betreiber von
Kälteanlagen, Elektrofirmen,
Verpackungsindustrie,
Kühltransporte u.a.

Einflußnahme auf die Anwender

Freistellung bzw. Einstellung
von Fachleuten für die
Erarbeitung und Verbreitung
von Informationsschriften für
Industrie, Gewerbe und Haushalt,
Gespräche mit Anwendern,
ggf. rechtliche Schritte

Die Kommune als Vorbild

Verbot von FCKW-haltigen
Stoffen im Bereich der
Kommune, z.B. FCKW-freie
Wärmedämmung, z.B. Ver-
meidung von FCKW-Ver-
lusten in städtischen Kühl-
und Schlachthäusern

Gobel/Natsch: Gute Argumente: Klima © Verlag C. H. Beck, München 1989

Auch in der Gemeinde wird immer häufiger versucht, die ozonfressenden Fluorchlorkohlenwasserstoffe (FCKW) zu vermeiden. Hierbei spielt seltsamerweise die Kühlschrankentsorgung eine Hauptrolle. Die FCKW-Menge, die jährlich zu entsorgen wäre, liegt bei nur 0,3% der Jahresproduktion in der BRD.[150] Es muß also viel wichtigere Bereiche geben, in denen FCKW vermieden werden können. Diese Bereiche liegen überwiegend in der Industrie – daher muß die Kommune hauptsächlich dort ansetzen.

Hauptverbraucher von FCKW in der Kommune

Hier sind die Ämter aufgefordert, diejenigen Firmen auf ihrer Gemarkung ausfindig zu machen, die FCKW in größeren Mengen anwenden, wie: Hersteller von Spraydosen, Schaumstoffen, Kälteanlagen usw., Baufirmen, Elektrotechnik- und Elektronik-Branchen, Verpackungsindustrie, Autohersteller, große Chemiefirmen, metallverarbeitende Industrie, Einkaufszentren, Firmen mit Kühlhäusern oder Kühlfahrzeugen, Textilreinigungen, Munitionsfabriken (?) usw.

Einflußnahme der Kommune auf die Großverbraucher

Nachdem die Verbraucher ermittelt wurden, müssen diese auf die Problematik der FCKW-Anwendung hingewiesen werden. Informationen der Kommunen könnten sein (hier in Stichworten): Baufirma: Mineralwolle als Dämmstoff statt FCKW-haltigen PUR-Schaum; Elektrofirma: Reinigung mit Orangenschalenextrakt statt mit F 113; Verpackungsbetrieb: Papier und Pappe statt FCKW-haltigen Schaum; Einkaufszentrum: Abdichten der oft undichten Kälteanlagen.

Sollten die Firmen auf solche Anschreiben nicht antworten bzw. eine Vermeidungsabsicht verneinen, müssen weitergehende Schritte geprüft und vollzogen werden.

Die Kommune als Vorbild

Neben interner Information der Ämter müssen interessierte Bürger und Betriebe durch Veranstaltungen und Hinweise in den regionalen Medien zur Vermeidung von FCKW angeregt werden. Bei der Vergabe von Aufträgen ist darauf zu achten, daß keine FCKW-haltigen Stoffe verwendet bzw. unnötige Verluste vermieden werden. Bei der Entsorgung von Kühlschränken sollten die in der Isolierung enthaltenen FCKW mit entsorgt werden.

Verkehrspolitik: Klima- und sozialverträglich

Wege aus der Verkehrs-Misere

Unnötigen Verkehr vermeiden

**Anteil der umwelt-
freundlichen Verkehrs-
mittel ausdehnen**

z.B. zu Fuß,
Fahrrad,
Bus, Bahn

**Begleitende
Maßnahmen**

z.B. Rückbau von
Straßen, Geschwindig-
keitsbegrenzungen

**Umweltschutz an der
Quelle:** Katalysator,
Rußfilter, keine
Autoklimaanlagen

Der Verursacher zahlt:
Volkswirtschaftliche Schäden
werden auf die Verkehrsmittel
umgelegt

Quelle: Gussfeld - BUND 1988

Graber/Notsch. Gute Argumente: Klima © Verlag C. H. Beck, München 1989

21 Ebenda, S. 442

22 P. Fabian, Atmosphäre und Umwelt, Berlin/Heidelberg 1987, S. 36, S. 43 f

23 Enquete Kommission Vorsorge zum Schutz der Erdatmosphäre, 1. Zwischenbericht, Bonn, 1988, S. 357

24 P. Fabian, Atmosphäre und Umwelt, Berlin/Heidelberg 1987, S. 40

25 R. S. Stolarski, Das Ozonloch über der Antarktis, Spektrum der Wissenschaft, März 1988, S. 70

26 Enquete Kommission „Vorsorge zum Schutz der Erdatmosphäre," 1. Zwischenbericht, Bonn, 1988, S. 114

27 Spektrum der Wissenschaft, März 1988, S. 70

28 Enquete Kommission „Vorsorge zum Schutz der Erdatmosphäre", 1. Zwischenbericht, Bonn, 1988, S. 165

29 P. J. Crutzen in: P. J. Crutzen und M. Müller (Hrsg.), Das Ende des blauen Planeten, München, 1989, S. 29

30 Enquete Kommission „Vorsorge zum Schutz der Erdatmosphäre", 1. Zwischenbericht, Bonn, 1988, S. 108

31 Ebenda, S. 321

32 Ebenda, S. 322

33 Süddeutsche Zeitung Nr. 150, 2./3. April 1988, S. 12

34 S. Weisburd and J. Rafoff, Science News, Vol. 127 (1985), S. 282

35 M. Leighton and N. Wirawan in: G. T. Prance, Tropical Rain Forests and the World Atmosphere, Boulder, Colorado, 1986, S. 75

36 Enquete Kommission „Vorsorge zum Schutz der Erdatmosphäre", 1. Zwischenbericht, Bonn, 1988, S. 527/S. 533

37 N. Myers in: G. T. Prance, Tropical Rain Forests and the World Atmosphere, Boulder, Colorado, 1986, S. 11

38 Eine ausführliche Darstellung findet sich in Spektrum der Wissenschaft, Juni 1988, S. 20

39 W. Michaelis und R.-P. Stößel, Atmosphärischer Eintrag von Schadstoffen in die Nordsee, Spektrum der Wissenschaft, Januar 1988, S. 14 f

40 R. J. Charlson et al., Nature 326 (1987), S. 655

41 S. Weisburd and J. Raloff, Science News Vol. 127 (1985), S. 282

42 WDR Redaktion Ökologie und BUND, Globus – Begleitmappe 8/87, Köln/Stuttgart, 1987, S. 222 ff

43 S. S. Hirano and C. D. Upper, Bio/Technology Vol. 3 (1985), S. 1073

44 Bei niedrigen Konzentrationen von Stickstoffmonoxid (NO) wird Ozon über folgende Reaktionskette *abgebaut:*

$$CO + OH \rightarrow H + CO_2$$
$$H + O_2 + M \rightarrow HO_2 + M$$
$$HO_2 + O_3 \rightarrow 2O_2 + OH$$

$$\text{Netto:} \; CO + O_3 \rightarrow CO_2 + O_2$$

Bei hohen NO-Konzentrationen dominiert folgende Reaktionskette, die zur *Bildung von Ozon* führt:

$$CO + OH \rightarrow H + CO_2$$
$$H + O_2 + M \rightarrow HO_2 + M$$
$$HO_2 + NO \rightarrow OH + NO_2$$
$$NO_2 + Licht \rightarrow NO + O$$
$$O + O_2 + M \rightarrow O_3 + M$$

Netto: $CO + 2O_2 + Licht \rightarrow CO_2 + O_3$

45 Foliensatz des Fonds der Chemischen Industrie, S. 50
46 P. Fabian, Atmosphäre und Umwelt, Berlin/Heidelberg 1987, S. 89
47 Enquete Kommission „Vorsorge zum Schutz der Erdatmosphäre", 1. Zwischenbericht, Bonn, 1988, S. 130
48 Vorlage im Umweltausschuß der Stadt Freiburg v. Herbst 1988
49 1990 erscheint voraussichtlich „Gute Argumente: Verkehr"
50 E. Koch und W. R. Thiel in: VDI-Kommission Reinhaltung der Luft (Hrsg.), Stadtklima und Luftreinhaltung, Berlin/Heidelberg 1988, S. 366f
51 Ebenda, S. 373
52 Ebenda, S. 380
53 L. Wicke, Die ökologischen Milliarden, München, 1986, S. 55f
54 J. Löbel in: VDI-Kommission Reinhaltung der Luft (Hrsg.), Stadtklima und Luftreinhaltung, Berlin/Heidelberg 1988, S. 124
55 Ebenda; die Reichweite von Aerosolen zeigt folgende Tabelle:

Aerosolradius [µm]	Horizontale Reichweite [km]
0,001	8
0,01	800
0,1	8000
1	8000
10	800
100	8

56 R. W. Shaw, Spektrum der Wissenschaft, Oktober 1987, S. 106
57 R. Mühleisen in: Klimatologische Forschung, Festschrift für Hermann Flohn zur Vollendung des 60. Lebensjahres, Bonn, 1974, S. 569
58 P. Fabian, Atmosphäre und Umwelt, Berlin/Heidelberg 1987, S. 64
59 Ebenda, S. 63
60 Ebenda, S. 70ff.
61 Ebenda, S. 65
62 Ebenda, S. 67
63 Nature Vol. 332 (1988), S. 242
64 P. J. Crutzen und J. Hahn (Hrsg.), Schwarzer Himmel, Frankfurt/Main, 1985

65 S. H. Schneider, Spektrum der Wissenschaft, Juli 1987, S. 52. Im Unterschied zu Crutzen und Hahn ergeben die von Schneider präsentierten Rechnungen keine so große Abkühlungen, weil der Einfluß der Meere und der Winde einbezogen wird. Fehlen diese Einflüsse, ist die Abkühlung ähnlich groß.

66 Hartmut Bossel, Umweltkunde, Gesamthochschule Kassel, 1985, S. 12

67 Siehe z. B.: Informationszentrale der Elektrizitätswirtschaft e. V., Energiewirtschaft kurz und bündig, Frankfurt (erscheint jährlich)

68 Siehe: D. Seifried, Gute Argumente: Energie, S. 12

69 Bossel, S. 14

70 Siehe z. B. Vortrag von G. Zimmermeyer vor dem Congress „Climate and Development", Hamburg, 1988

71 Alfred-Wegener-Institut für Polar- und Meeresforschung, Presseinformation, Bremerhaven, 1988

72 G. Brasseur and A. de Rudder in: R. C. Worrest and M. M. Caldwell (ed.), Stratospheric Ozone Reduction, Solar Ultraviolet Radiation and Plant Life, Berlin/Heidelberg 1986, S. 18 ff.

73 Enquete Kommission „Vorsorge zum Schutz der Erdatmosphäre", 1. Zwischenbericht, Bonn, 1988, S. 387

74 Ebenda, S. 406 (NO_x); aus der Angabe, daß in der unteren Troposphäre der Nordhalbkugel ein Anstieg der Stickoxide um das Vierfache nachgewiesen sei, wurde von den Autoren ein „hausgemachter" Anteil von ca. 60% abgeschätzt.

75 Ebenda, S. 389 (CH_4)

76 Ebenda, S. 397 (CO)

77 P. Fabian, Atmosphäre und Umwelt, Berlin/Heidelberg 1987, S. 71 (N_2O)

78 R. P. Wayne, Chemistry of atmospheres, Oxford, 1985, S. 194 (SO_2); die in der dortigen Tabelle angegebenen Werte sind größtenteils zu niedrig. Da der Wert nach Abschätzung durch die Autoren zwischen 90 und 99% liegen muß, wurde der Wert von 95% trotzdem übernommen.

79 Enquete Kommission „Vorsorge zum Schutz der Erdatmosphäre", 1. Zwischenbericht, Bonn, 1988, S. 486

80 Ebenda, S. 386

81 Ebenda, S. 388

82 Informationszentrale der Elektrizitätswirtschaft e. V. (Hrsg.), Stromthemen, April 1988, S. 2

83 U. Fritsche, persönliche Mitteilung

84 Enquete Kommission „Vorsorge zum Schutz der Erdatmosphäre", 1. Zwischenbericht, Bonn, 1988, S. 364

85 Ebenda, S. 389

86 B. Hoffmann, Fa. Hoechst, Stellungnahme für die öffentliche Anhörung der Enquete Kommission „Vorsorge zum Schutz der Erdatmosphäre" am 29. Februar 1988

87 Enquete Kommission „Vorsorge zum Schutz der Erdatmosphäre", 1. Zwischenbericht, Bonn, 1988, S. 290

88 J. K. Hammit et al. (Rand), Bericht für die US Environmental Protection Agency, Santa Monica, CA, 1986

89 H. Bräutigam, Fa. Kali – Chemie, Stellungnahme für die öffentliche Anhörung der Enquete Kommission „Vorsorge zum Schutz der Erdatmosphäre" am 2. Februar 1988 (Kommissionsdrucksache 11/1)

90 Enquete Kommission „Vorsorge zum Schutz der Erdatmosphäre", 1. Zwischenbericht, Bonn, 1988, S. 290

91 Ebenda, S. 313

92 Ebenda, S. 155

93 Ebenda, S. 338

94 J. K. Hammit et al (Rand), Bericht für die US Environmental Protection Agency, Santa Monica, CA, 1986

95 P. Fabian, „Halogenated Hydrocarbons in the atmosphere", S. 23 f

96 Enquete Kommission „Vorsorge zum Schutz der Erdatmosphäre", 1. Zwischenbericht, Bonn, 1988, S. 395

97 L. Machta in: Changing Climate, Report of the Carbon Dioxide Assessment Committee, Washington, DC, 1983, S. 288 f

98 F. Kalberlah, Öko Mitteilungen, Freiburg, Februar 1989

99 World Meteorological Organisation (WMO), Genf, 1985

100 Enquete Kommission „Vorsorge zum Schutz der Erdatmosphäre", 1. Zwischenbericht, Bonn, 1988, S. 365

101 M. Pfeiffer und M. Fischer (Hrsg.), Unheil über unseren Köpfen, Stuttgart, 1989

102 Bundesminister für Verkehr (Hrsg.), Verkehr in Zahlen 1989, Bonn, 1989, S. 278 f

103 I. Mühleisen, Gute Argumente: Ernährung, München, 1988, S. 30

104 N. Myers in: G. T. Prance (ed.), Tropical Rain Forests and the World Atmosphere, Boulder, Colorado, 1986, S. 11

105 Siehe „Gute Argumente: Energie", S. 97

106 Siehe „Gute Argumente: Energie", S. 91

107 Siehe „Gute Argumente: Energie", S. 41

108 Siehe „Gute Argumente: Energie", S. 107

109 Siehe z. B. Rheinisch-Westfälisches Elektrizitätswerk, Energieflußbild der Bundesrepublik Deutschland (erscheint jährlich)

110 Enquete Kommission „Vorsorge zum Schutz der Erdatmosphäre", 1. Zwischenbericht, Bonn, 1988, S. 468

111 Bericht der Enquete Kommission „Zukünftige Kernenergie – Politik", Bonn, 1980, S. 76

112 K. M. Meyer – Abich und B. Schefold, Die Grenzen der Atomwirtschaft, München, 1986

113 Bundesminister für Verkehr (Hrsg.), Verkehr in Zahlen 1987, S. 198 f

114 Bundesminister für Verkehr (Hrsg.), Verkehr in Zahlen 1987, S. 174 f, S. 263

115 Siehe z. B. „umwelt lernen", S. 10 f, S. 34 f

116 Der Spiegel Nr. 10/1989, S. 270

117 Enquete Kommission „Vorsorge zum Schutz der Erdatmosphäre", 1. Zwischenbericht, Bonn, 1988, S. 340/S. 60

118 Der Spiegel Nr. 13/1989, S. 106

119 L. R. Brown, Zur Lage der Welt – 1987, Worldwatch Institute Report, Frankfurt/Main, 1987

120 I. Mühleisen, Gute Argumente: Ernährung, München, 1988, S. 15

121 P. J. Crutzen and D. H. Ehhalt, Ambio 6 (1977), S. 112

122 F. Lipschultz et al., Nature **294** (1981), S. 641

123 H. Bossel, Umweltkunde, Kassel, 1985, S. 72

124 Ebenda, S. 63

125 P. Hennicke, persönliche Mitteilung

126 P. Hennicke, Vortrag bei der Arbeitsgruppe für Energiefragen der evangelischen Landeskirchen in NRW, überarbeitete Fassung, Darmstadt, 1988

127 S. Kohler, J. Leuchtner, K. Müschen, Sonnenenergiewirtschaft, Frankfurt, 1987

128 Conference Statement, Toronto, 1988

129 F. Krause, Aussage vor der Enquete Kommission „Vorsorge zum Schutz der Erdatmosphäre", Bonn, am 20. Juni 1988

130 P. Hennicke, persönliche Mitteilung

131 J. M. Dave, Vortrag beim Kongreß „Climate and Development, Hamburg, 1988

132 P. Hennicke, Vortrag bei der Arbeitsgruppe für Energiefragen der evangelischen Landeskirchen in NRW, überarbeitete Fassung, Darmstadt, 1988

133 Enquete Kommission „Vorsorge zum Schutz der Erdatmosphäre", 1. Zwischenbericht, Bonn, 1988, S. 59 ff

137 M. J. Molina, F. S. Rowland, Nature **249** (1974), 810

138 Stellungnahme der Industriegemeinschaft Aerosole e. V., März 1988

139 Industriegemeinschaft Aerosole e. V., April 1989

140 J. K. Hammit et al. (Rand), Bericht für die US Environmental Protection Agency, Santa Monica, CA, 1986

141 Umweltbundesamt, Berlin, 1988

142 J. K. Hammit et al. (Rand), Bericht für die US Environmental Protection Agency, Santa Monica, CA, 1986

143 Umweltbundesamt, Maßnahmen zum Schutz der Ozonschicht, Berlin, 1988

144 Deutscher Kälte- und Klimatechnischer Verein e. V., DKV – Statusbericht Nr. 2, Stuttgart, 1988

145 I. Mühleisen, Gute Argumente: Ernährung, München, 1988, S. 16

146 DKV-Statusbericht Nr. 2

147 J. K. Hammit et al. (Rand), Bericht für die US Environmental Protection Agency, Santa Monica, CA, 1986

148 Umweltbundesamt, Berlin, 1980

149 Umweltbundesamt, Berlin, 1988

150 Deutscher Kälte- und Klimatechnische Verein e. V., DKV – Statusbericht Nr. 2, Stuttgart, 1988

151 Bundesminister für Verkehr (Hrsg.), Verkehr in Zahlen 1987, Bonn, 1987, S. 122 f

152 C. P. Gussfeld, umwelt lernen Nr. 37, Freiburg, 1988, S. 10

Glossar und Stichwortverzeichnis

ppt: 1 trillionstel Teil eines Stoffes (parts per trillion)
Primärenergie: Die in den umgesetzten Energieträger vor der Umwandlung
  enthaltene Energie; Träger von Primärenergie sind z.B. Kohle, Erdöl,
  Erdgas, Wind, fließendes Wasser, Sonnenstrahlung, Biomasse oder Erdwärme. S. 53, 83

Quartär: Zeitraum in der Erdgeschichte; Beginn vor etwa 2 Mio Jahren, bis
  heute. S. 13

Radikal: In der Chemie Bezeichnung für elektrisch neutrale Atome oder
  Atomgruppen, die ein oder mehrere ungepaarte Elektronen besitzen.
  S. 27, 49
Regenerative Energieträger: Dies sind erneuerbare Energieträger wie z.B.
  Sonnenstrahlung, Wind, Wellen, fließendes Wasser, Erdwärme oder Bio-
  masse. S. 33, 93, 95
Reinluftgebiete S. 39, 43, 45

Schwefeldioxid (SO_2): S. 43, 47, 79, 105
Smog: Dunstglocke z.B. über Industriestädten. S. 39, 41, 47
Sofortausstieg S. 93
Sonnenenergie S. 85, 95
Sonnenflecken: Dunkle Flecken auf der Sonne, in denen ein starkes Ma-
  gnetfled herrscht. Die Häufigkeit der Sonnenflecken schwankt mit einer
  Periode von etwa 11 Jahren. S. 13
Spray S. 67, 99, 101, 109
Spurengase S. 17, 21, 31, 47, 49, 57, 59
Staub S. 45, 51, 79
Stickoxide (NO_x) S. 25, 39, 43, 45, 47, 51, 75, 77, 79
Stickstoffdünger S. 75, 91
Stratosphäre S. 17, 25, 27, 29, 51, 65, 69, 77
Strom S. 63, 83, 85, 93, 95
Südpol S. 15, 27, 29, 57

Teflon S. 67
Temperaturerhöhung S. 13, 19
Tertiär: Zeitraum in der Erdgeschichte; Beginn vor 65 Mio Jahren, Ende
  vor 2 Mio Jahren. S. 13
Tetrachlorkohlenstoff S. 25, 71, 107
Tetrachlorethen S. 107
Treibhauseffekt S. 17, 19, 21, 23, 35, 65, 71, 73, 75, 81, 85, 93, 97
Trichlorethylen S. 71
Tropischer Regenwald S. 31, 33, 59, 61, 65, 81

Anzeigen

Reihe Gute Argumente

Die Reihe „Gute Argumente", hrsg. von Rainer Grießhammer und Dieter Seifried, dient der sachlichen Information über wesentliche Probleme der modernen Industriegesellschaft. Mit der Umsetzung von Fakten in leichtverständliche Schaubilder schlägt die Reihe eine Brücke zwischen der oft abgehobenen Sprache der Wissenschaftler und dem Verständnis von Schülern, Lehrern, Publizisten, engagierten Bürgern oder Mitgliedern von Bürgerinitiativen.

Gute Argumente: Ökologische Landwirtschaft

Von Frieder Thomas und Rudolf Vögel
132 Seiten mit 53 Graphiken von Sabine Waiblen. Paperback
(Beck'sche Reihe Band 378)

Gute Argumente: Ernährung

Von Isabelle Mühleisen. 1988. 120 Seiten mit 49 Graphiken
von Bruno Natsch. Paperback
(Beck'sche Reihe Band 342)

Gute Argumente: Energie

Von Dieter Seifried. 1988. 2., durchgesehene Auflage.
157 Seiten mit 59 Graphiken von Bruno Natsch. Paperback
(Beck'sche Reihe Band 318)

Die „Atom-Lobby" verbreite gezielte Fehlinformationen, um ihre Interessen durchzusetzen, heißt es in der Einleitung. Dem will der Autor mit seinem Buch entgegenwirken. In 59 kurzen Kapiteln werden spezielle Aspekte, die sich meist auf das Thema Kernenergie beziehen, abgehandelt. Die Texte sind leicht verständlich geschrieben, dabei aber doch hinlänglich differenziert, so daß die Lektüre einen Einstieg in die Diskussion über die Strompolitik bietet. *FAZ, Benedikt Fehr*

Verlag C.H.Beck München

Natur – Umwelt – Gesellschaft

Öko-Lexikon
Stichworte und Zusammenhänge
Herausgegeben von Hartwig Walletschek und Jochen Graw
1988. 250 Seiten mit 9 Abbildungen und zahlreichen Tabellen.
Paperback (Beck'sche Reihe Band 344)

Franz-Josef Brüggemeier und Thomas Rommelspacher
Besiegte Natur
Geschichte der Umwelt im 19. und 20. Jahrhundert
1987. 198 Seiten. Paperback
(Beck'sche Reihe Band 345)

Das Ende des blauen Planeten?
Der Klimakollaps: Gefahren und Auswege
Herausgegeben von Paul J. Crutzen und Michael Müller.
1989. Etwa 271 Seiten mit etwa 21 Abbildungen und 9 Tabellen.
Paperback (Beck'sche Reihe Band 385)

Reiner Scholz
betrifft: Robin Wood
Sanfte Rebellen gegen Naturzerstörung
1989. 122 Seiten mit 14 Abbildungen. Paperback
(Beck'sche Reihe Band 382)

Jürgen Streich
betrifft: Greenpeace
Gewaltfrei gegen die Zerstörung
2., durchgesehene Auflage. 1987. 119 Seiten mit 16 Abbildungen.
Paperback (Beck'sche Reihe Band 316)

Georg Winter
Das umweltbewußte Unternehmen
Ein Handbuch der Betriebsökologie mit 22 Checklisten für die Praxis
Herausgegeben von der Kommission der Europäischen Gemeinschaft.
3. Auflage. 1989. 216 Seiten. Broschiert

Verlag C. H. Beck München